Roberto Parato

Il pieno, grazie!

Fonti di energia fossili e rinnovabili.

Sostenibilità del loro utilizzo e impatto sul pianeta

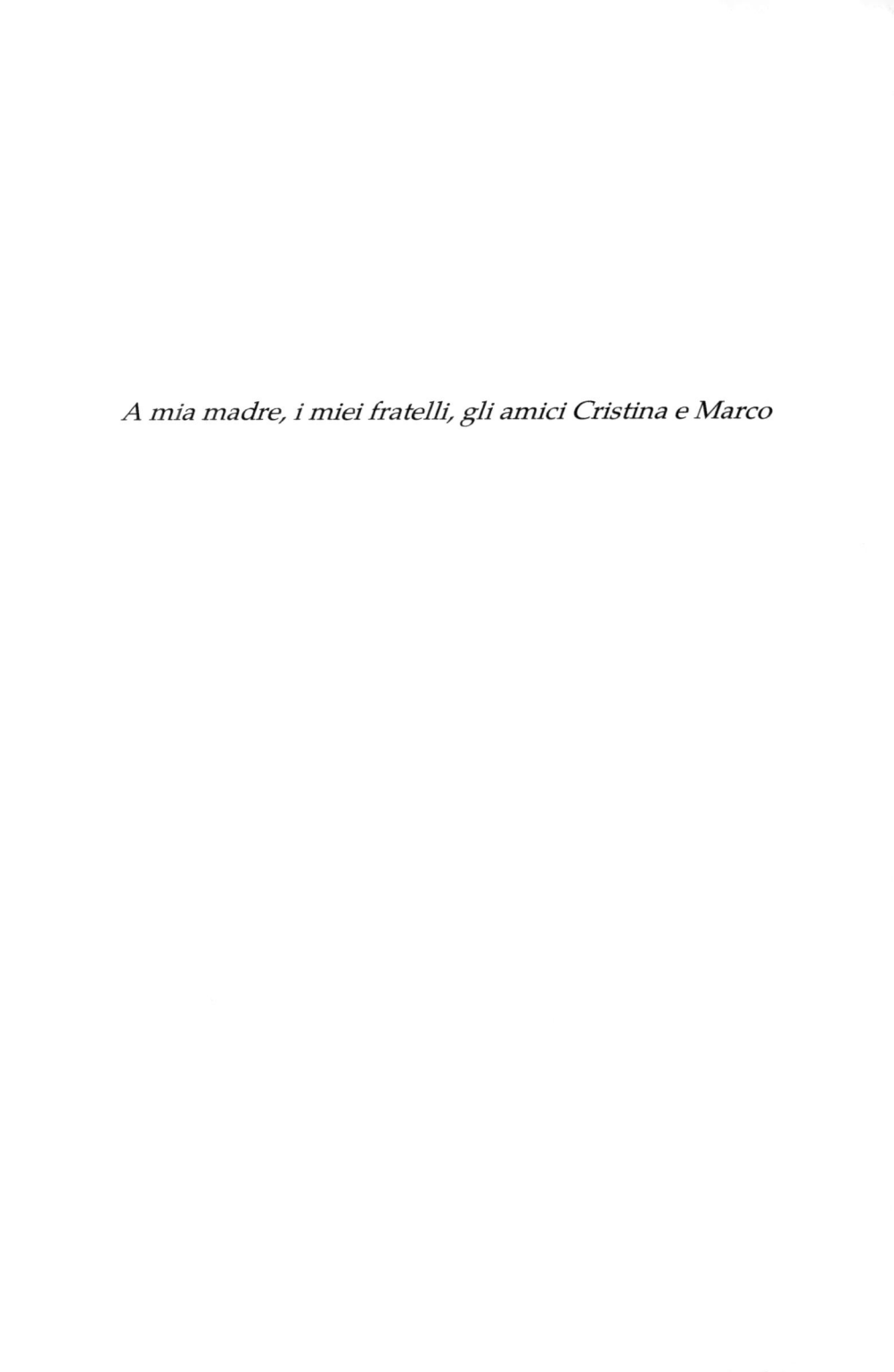

A mia madre, i miei fratelli, gli amici Cristina e Marco

Sommario

Introduzione

In questo testo ho cercato di rispondere a delle domande che riguardano lo sviluppo della società e la sua sostenibilità dal punto di vista energetico.

In futuro quali fonti di energia useremo e quanta energia ci servirà? Le fonti che utilizziamo adesso basteranno? Saranno sostenibili a lungo termine come impatto ambientale?

L'opera è rivolta a chiunque si voglia avvicinare a tematiche legate ai consumi energetici, allo sviluppo sostenibile, alle energie rinnovabili e l'impatto che hanno sulla nostra vita.

Ho cercato di trattare in modo semplice di argomenti che spesso non sono esposti in maniera organica e che sono reperibili svincolati tra loro e in modo frammentario.

Nel testo si paragonano le energie rinnovabili alle energie oggi più diffuse derivate dai combustibili fossili e si fa un bilancio della loro convenienza e dell'apporto che possono dare.

Si introducono i concetti di sostenibilità di una fonte energetica e della sua convenienza economica ed energetica e si prende confidenza con alcuni parametri ed indicatori che offrono un riscontro numerico a questi argomenti.

Si offrono spunti di riflessione sulla possibilità di conciliare lo sviluppo così come lo conosciamo oggi alle fonti di energia di cui disponiamo.

1 Risorse, energia, cambiamenti ed evoluzione

La vita sulla Terra è possibile grazie alla radiazione solare. L'atmosfera è attraversata ogni giorno da una quantità di energia pari a circa 1.400 Watt per metro quadro di superficie.

La radiazione che arriva sulla crosta terrestre fa evaporare l'acqua dal terreno e dai tessuti delle piante. Il vapore si condensa ad alta quota in nuvole, che fanno precipitare l'acqua di nuovo al suolo, generando fiumi, laghi, mari e ghiacciai.

La differenza di calore fra i vari punti della crosta terrestre genera spostamenti d'aria che danno origine ai venti, che fanno circolare su tutto il globo l'acqua evaporata.

La radiazione solare mantiene temperature adatte alla vita ed è la base per la fotosintesi clorofilliana, che consente alle piante di generare l'ossigeno presente nell'atmosfera.

Questi fenomeni sono immutati dagli albori della vita sulla terra e ci consentono di esistere grazie a una quantità di risorse basilari e limitate, ma costanti nel tempo.

Da sempre abbiamo cercato di raccogliere ed usufruire delle risorse disponibili in natura per far sopravvivere ed espandere la nostra specie. La ricerca di risorse e il loro utilizzo rappresenta il continuo bisogno di energia per alimentare i processi vitali e per supportare le attività che consentono di sviluppare la nostra civiltà.

Per millenni abbiamo raccolto e usato qualcosa da bruciare per stare al caldo, avere luce e difendere i nostri avamposti nella pancia della natura matrigna.

Dare fuoco a un combustibile e utilizzare per i nostri scopi il calore che questa trasformazione fisica produce. Lo stiamo facendo anche adesso, proprio in questo momento ma, ad un certo punto della nostra storia, abbiamo iniziato a cercare qualcosa che non solo bruciasse bene, ma fosse abbondante e si consumasse il più lentamente possibile, in modo da non essere costretti ad andare in continuazione alla ricerca di materia da bruciare.

Il passaggio da una vita ed un'economia di sussistenza a una società più complessa, per soddisfare più di quelli che sono i bisogni primari, è iniziato con l'aumento della nostra efficienza nel trasformare ed utilizzare l'energia.

La necessità di avere energia è aumentata di pari passo con la capacità di sfruttare le risorse disponibili. Nel corso del tempo abbiamo provato e sperimentato l'utilizzo dei combustibili più disparati, come legno, grassi animali e vegetali, carbone, petrolio, gas.

"Però, che posto buffo questa New Bedford. Se non era per noi balenieri, oggi questo pezzo di terra sarebbe in condizioni da piangere, proprio come la costa del Labrador. Così com'è, ci sono parti alle spalle dell'abitato che fanno spavento, tanto paiono tutt'osso. La città in sé è forse il posto più simpatico per viverci di tutta la Nuova Inghilterra. È il paese dell'olio, d'accordo, ma non come Canaan paese, anche, del grano e del vino. Per le vie non scorre latte, e nemmeno le lastricano a primavera con uova fresche. Ma ciò nonostante non c'è posto in tutta l'America dove si trovano più case dall'aspetto patrizio, parchi e giardini più opulenti, di New Bedford. Da dove sono venuti? Come hanno attecchito su questa che una volta era una scarna scoria di terra?

Andate a guardare i simbolici ramponi di ferro attorno a quel palazzo magnifico, e troverete la risposta. Sicuro: tutte queste belle case e giardini fioriti sono venuti dall'Atlantico, dal Pacifico e dall'Oceano Indiano. Sono stati infiocinati e tirati qui a secco tutti quanti dal fondo del mare. Lo stesso Herr Alexander non potrebbe fare cosa più mirabile.

Dicono che a New Bedford i padri danno balene in dote alle figlie, e spartono il patrimonio fra i nipoti con qualche porco marino a testa. Bisogna andare a New Bedford per vedere un matrimonio coi fiocchi, perché ogni casa, dicono, ha depositi d'olio, e ogni notte bruciano il tempo spensierati con candele di spermaceti..."

"... Scattate, scattate! Ci sono botti d'olio lì avanti, signor Stubb, e per questo siete venuto. Forza ragazzi! È l'olio, l'olio che conta! Questo almeno è dovere, dovere e guadagno a braccetto! ..."[1]

Questi brani tratti da "Moby Dick – La Balena Bianca" di Melville, richiamano l'importanza che aveva l'economia legata alla caccia alla balena in un recente passato. Intere città crescevano e prosperavano sul commercio dell'olio di balena e di tutti i suoi derivati. Nascevano mestieri, professioni e l'aspetto delle città e dei territori ne era modificato.

---

[1] Herman Melville, Moby Dick (50)

Inoltre la produzione di olio grazie alla caccia alle balene, ha ridotto la popolazione mondiale di queste creature, modificando l'ecosistema e il suo equilibrio spontaneo.

Questo esempio rappresenta come la ricerca di risorse e di fonti di combustibile con un buon rapporto qualità/prezzo abbia avuto un forte impatto nel modellare e modificare le nostre abitudini, i nostri costumi e l'ambiente e abbia da sempre influenzato e modificato il pianeta su cui viviamo.

L'approvvigionamento energetico è fondamentale per ogni essere vivente. In una comunità complessa e strutturata come quella umana, questa esigenza ha assunto forme e gradazioni differenti, determinate dall'evoluzione tecnologica e sociale che l'uomo ha vissuto nei secoli e che ha subito una drastica accelerazione durante la rivoluzione industriale, dalla seconda metà del 1.700 in poi.

1.1 Sole, energia e vita sulla Terra

La Fisica definisce un sistema chiuso un ambiente che non scambia materia ma può scambiare energia con l'esterno.

Si può considerare la Terra un sistema chiuso, perché di fatto non scambia materia con l'esterno e scambia energia con la fonte più intensa e vicina a noi che è il Sole.

La radiazione solare consente la presenza della vita sulla terra ed è strettamente legata al ciclo vitale dei vegetali.

Grazie all'energia fornita dalla luce solare, le piante utilizzano gli elementi dell'ambiente circostante come acqua, ossigeno e carbonio per sintetizzare molecole organiche che costituiscono il loro nutrimento.

La trasformazione da elementi inerti presenti nella biosfera in molecole organiche è possibile con la reazione chimica della fotosintesi clorofilliana che avviene all'interno delle piante:

$$6CO_2 + 6H_2O \rightarrow C_6H_{12}O_6 + 6O_2$$

Sei molecole di anidride carbonica sono combinate con sei molecole di acqua, per ottenere una molecola organica a base di carbonio (glucosio) e sei di ossigeno che vengono liberate nell'atmosfera.

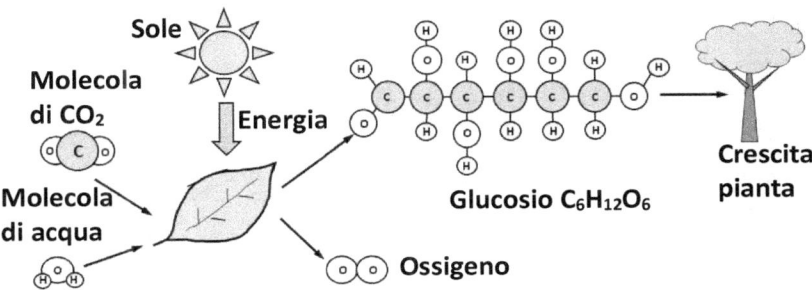

Figura 1: Schema della fotosintesi clorofilliana

La fotosintesi imbriglia l'energia arrivata dal sole nei legami delle molecole organiche che costituiscono gli organismi vegetali.

Quando bruciamo il legno o i suoi derivati, la combustione genera due effetti:

- Libera, sotto forma di calore, l'energia solare impiegata per realizzare la fotosintesi;

- Restituisce all'atmosfera la CO_2 che era stata utilizzata per la composizione delle molecole organiche.

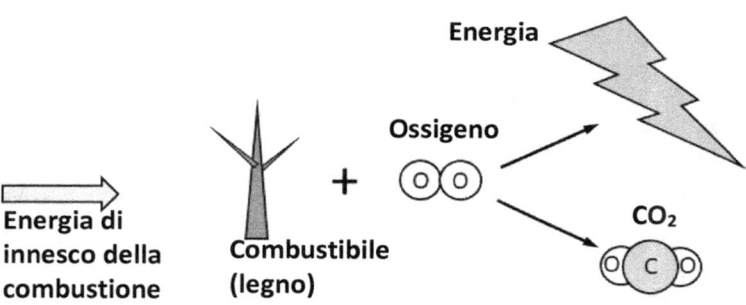

Figura 2: Processo di combustione

1.2   I combustibili e l'energia

L'uomo moderno si comporta come il suo avo preistorico: cerca qualcosa che scaldi bene e a lungo, che sia facile da trasportare e occupi poco spazio.

Come si traduce questo concetto elementare in termini universali e più scientifici? Ci può aiutare la definizione di potere calorifico di un combustibile, così espressa:

- **Potere calorifico**: la quantità di calore realizzata nella combustione completa delle unità di peso o di volume di combustibile. (1)

Di seguito una tabella, presa dal sito web di ENEA (Agenzia nazionale per le nuove tecnologie, l'energia e lo sviluppo economico sostenibile), che mostra i poteri calorifici dei combustibili più comuni.

Sono indicate le migliaia di calorie che vengono sprigionate quando si brucia un kg di combustibile.

Tabella 1: Poteri calorifici (1)

Potere calorifero inferiore convenzionale del greggio e dei principali prodotti petroliferi	
Combustibile	**kcal/kg (migliaia di calorie per chilo)**
Petrolio greggio	10.000
G.P.L.	11.000
Benzina	10.500
Gasolio	10.200
Olio combustibile	9.800
Gas naturale	9.200
Carbon fossile	7.400

Le risorse con un potere calorifico migliore sprigionano più energia durante la combustione. Il loro rendimento è maggiore e sarà quindi più conveniente trasportarle ed utilizzarle.

Che differenza c'è se si brucia un pezzo di legno o un pezzo di carbone?

Il legno è un materiale che ha avuto un ciclo di vita relativamente breve. Specie se viene da una pianta con un alto tasso di crescita e che si rigenera nell'arco di pochi mesi o anni.

Il carbone è un combustibile fossile. Un combustibile fossile è di origine organica come il legno e si è formato grazie all'azione sintetizzatrice delle piante.

La CO_2 imbrigliata nei tessuti organici del combustibile era presente nell'atmosfera in ere geologiche del passato.

La combustione di una riserva di energia fossile sprigiona in poco tempo la CO_2 che era stata sottratta all'ambiente nel corso di periodi infinitamente lunghi.

L'anidride carbonica è un gas serra e il suo rilascio in grandi quantità nell'atmosfera genera l'aumento delle temperature che stiamo riscontrando nell'attuale era geologica, denominata Antropocene, dal greco anthropos (ἄνθρωπος), uomo.

Essa è denominata in questo modo perché l'attività umana ha mutato profondamente l'ambiente e causato dei cambiamenti di portata globale.

2 Energia da fonti fossili

"È innegabile e attestato da documenti di ogni tipo che ci fu, a partire dal XII secolo, una penuria di legno di grande sezione, la quale rivelava la sparizione, o almeno l'eccessivo sfruttamento delle foreste, dove gli alberi, tagliati troppo frequentemente, non riuscivano più a raggiungere la maturità...

...alla fine del XII e durante il XIII secolo, vanno moltiplicandosi in tutta l'Europa Occidentale gli scritti e le deliberazioni per proteggere le foreste...

L'Assemblea Generale degli uomini di Folgaria, nel Trentino, riunita il 30 marzo 1315 sulla piazza pubblica, decreta: "se qualcuno viene sorpreso a tagliare degli alberi sul Monte 'alla Galilena' fino al sentiero di quelli di Costa che conduce al Monte, e dalla cima fino alla pianura, costui dovrà pagare 5 soldi per ogni ceppo. Che nessuno osi tagliare su questo monte dei fusti di larice, per ricavarne legna da ardere, sotto pena di cinque soldi per ogni tronco" (2)[2]

---

[2] R. Bechmann, Le radici delle cattedrali

"La prima legislazione applicata in Inghilterra risale al re Enrico VIII, sotto il regno del quale venne creata dal Parlamento, nel 1534, una legge per evitare la distruzione della fauna selvatica. Un obiettivo di conservazione e di tutela è rivelato dalle disposizioni relative alle uova di airone, ai pellicani, alle gru, ai martin pescatori, mentre gli uccelli vengono lasciati senza protezione anche durante il periodo di riproduzione...Gli interessi dei falconieri, in questo caso, erano evidentemente primari..." (3)[3]

"Era una città di mattoni rossi o, meglio, di mattoni che sarebbero stati rossi, se fumo e cenere lo avessero consentito. Così come stavano le cose, era una città di un rosso e di un nero innaturale come la faccia dipinta di un selvaggio; una città piena di macchinari e di alte ciminiere dalle quali uscivano, snodandosi ininterrottamente, senza mai svoltolarsi del tutto, interminabili serpenti di fumo. C'era un canale nero e c'era un fiume violaceo per le tinture maleodoranti che vi si riversavano; c'erano vasti agglomerati di edifici pieni di finestre che tintinnavano e tremavano tutto il giorno; a Coketown gli

---

[3] M.A. Nicholson, The environmental revolution

stantuffi delle macchine a vapore si alzavano e si abbas-
savano con moto regolare e incessante come la testa di
un elefante in preda a una follia malinconica. C'erano
tante strade larghe, tutte uguali fra loro, e tante strade
strette ancora più uguali fra loro; ci abitavano persone
altrettanto uguali fra loro, che entravano e uscivano tutte
alla stessa ora, facendo lo stesso scalpiccio sul selciato,
per svolgere lo stesso lavoro; persone per le quali l'oggi
era uguale all'ieri e al domani, e ogni anno era la replica
di quello passato e di quello a venire." [4]

L'accoppiata tra energia e macchine ha portato a un rapido cambiamento nella storia della civiltà umana.

Le macchine sono state una leva di incredibile efficacia,
che ha permesso di ottimizzare e sfruttare al meglio
l'energia immagazzinata nel carbone, nel legno e nel petrolio.

La grande innovazione tecnologica maturata a metà del
1700, portò a profonde trasformazioni della società che
rivoluzionarono la vita delle persone coinvolte in questo

---

[4] Charles Dickens, Tempi difficili

cambio d'epoca. Già nel 1698 la prima macchina a vapore era stata brevettata in Inghilterra.

Nel 1769, James Watt brevettò un nuovo modello di macchina per pompare acqua nelle miniere di carbone che riduceva il consumo di vapore e combustibile rispetto a quelle fino ad allora utilizzate.

In seguito alle innovazioni tecnologiche dell'epoca, la società inizio a cambiare. Nacquero le città industriali, caratterizzate dallo sviluppo di grandi periferie, spesso luoghi fatiscenti e malsani.

All'inizio dell'era industriale, i combustibili più utilizzati erano il legno, la torba, la lignite e successivamente il carbone.

Fu con lo sfruttamento intensivo delle miniere di carbone che la spinta della rivoluzione industriale, iniziata nella seconda metà del 1700, continuò con la seconda rivoluzione industriale che si colloca nella seconda metà del 1800 e che vide l'introduzione dell'acciaio, del petrolio e soprattutto dell'elettricità.

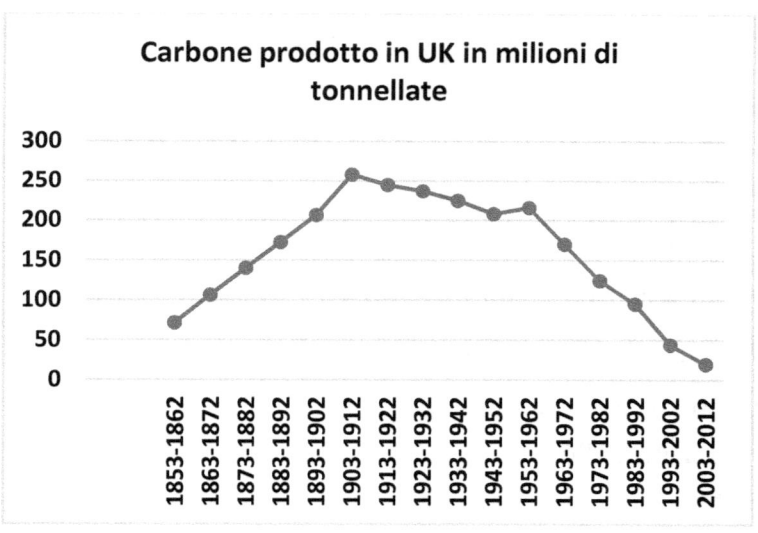

Figura 3: Produzione di carbone nel Regno Unito(4)

2.1 Le fonti fossili

Le fonti fossili più diffuse sono:

- Carbone;
- Petrolio;
- Gas naturale.

Esse rilasciano differenti quantità di CO_2 una volta soggette a combustione. Nella tabella seguente, viene data una indicazione di queste quantità. Nella colonna di sinistra sono elencati i diversi combustibili. In quella di destra le quantità di grammi di CO_2 rilasciate per unità di energia prodotta.

Tabella 2: Fattori di emissione diretta di CO $_2$ per alcuni esempi di combustibili carboniosi (5)

Combustibile carbonioso	Fattore di emissione
	gCO_2 MJ^{-1}
Carbone	
Antracite	96.8
Bituminoso	87.3
Sub-bituminoso	90.3
Lignite	91.6
Biocarburante	
Legno (secco)	78.4
Gas naturale	50
Combustibile petrolifero	
Olio combustibile distillato	68.6
Olio combustibile residuo	73.9
Kerosene	67.8
Gas di petrolio liquefatti – GPL (valore medio per uso come combustibile)	59.1
Benzina per motori	69.3

La CO_2 non è l'unico inquinante che viene emesso durante la combustione.

A seconda del tipo di combustibile carbonioso impiegato e del tipo di applicazione, ci possono essere emissioni di ossidi di azoto, ossidi di zolfo, particolato, tracce di metalli che si disperdono nell'aria e diventano rischio potenziale per la nostra salute.

Nella tabella successiva vengono dati alcuni valori di riferimento per questo tipo di emissioni, calcolate per una centrale a gas e una a carbone.

Tabella 3: Emissioni dirette di gas non effetto serra da due esempi di impianti a carbone e a gas naturale (6)

Emissioni	Carbone	Gas naturale
NOx, g GJ^{-1}	4-5	5
SOx, g GJ^{-1}	4.5 - 5	0.7
Particolato, g GJ^{-1}	2.4 - 2.8	2
Mercurio, mg GJ^{-1}	0.3 - 0.5	N/A

La centrale a carbone, che è tutt'oggi una delle tecnologie più diffuse, ha valori quasi sempre più elevati di emissione.

Nella figura seguente si può vedere la concentrazione di diossido di azoto (NO_2) su scala mondiale. L' NO_2 è una molecola fortemente reattiva che entra in numerose reazioni chimiche che portano alla formazione di altri inquinanti, tra i quali l'ozono. Esso è un agente irritante e esplica questa azione a livello delle mucose delle vie respiratorie, sia a livello nasale che bronchiale ed è inoltre precursore, in presenza di forte irraggiamento solare, di una serie di reazioni secondarie che determinano la formazione di tutta quella serie di sostanze inquinanti note con il termine di "smog fotochimico".

Il biossido di azoto può anche dare origine ad acido nitrico (HNO_3) e, sotto questa forma, contribuire all'acidificazione delle piogge e degli specchi d'acqua.

Le misurazioni di NO_2 sono un buon indicatore della collocazione geografica dell'inquinamento dell'aria, in quanto questo tipo di inquinante è concentrato vicino alle fonti che lo generano. Queste mappe aiutano ad avere un quadro globale della diffusione delle attività industriale ed agricola e del loro impatto a livello ambientale.

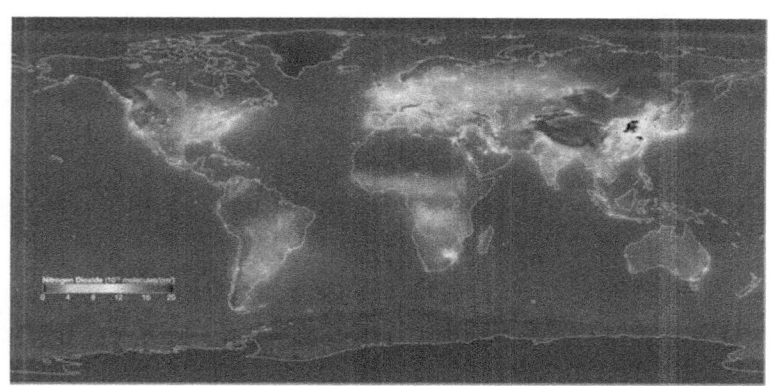

Figura 4: Concentrazione di NO_2 a livello globale
(7)

3 Dalle fonti fossili alle rinnovabili

La nostra civiltà si approvvigiona di energia seguendo lo stesso schema dei nostri antenati più lontani nel tempo.

Durante il corso della nostra storia, abbiamo cercato materia da bruciare per ricavarne energia con cui sostenere e sviluppare le nostre attività. Questo tipo di comportamento è sempre stato predominante ogni volta che la abbondanza di fonti di energia rendeva conveniente estrarle e il rapporto tra costi di reperimento ed estrazione delle risorse e prezzo di vendita era favorevole.

Chi possedeva e possiede tuttora grandi quantità di risorse energetiche, acquisisce un ruolo di primo piano nelle dinamiche geo politiche che governano il mondo.

3.1 Energia e sviluppo della società

Nelle pagine seguenti vedremo, attraverso alcuni grafici, come si sono ripartiti i consumi delle principali fonti fossili nel corso del tempo.

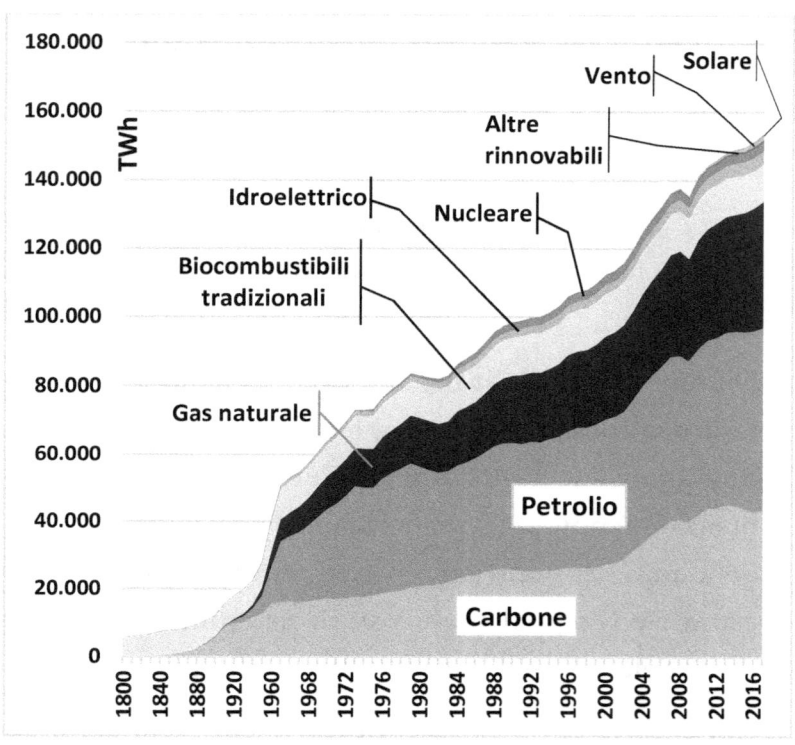

Figura 5: Consumi di fonti energetiche in TWh (te-rawattora) (8)

La figura 5 mostra l'incremento che c'è stato a partire dal 1971 al 2005 nel consumo di fonti energetiche. (9)

Si vede come i combustibili fossili coprano la grande maggioranza del fabbisogno richiesto. Le quantità sono espresse in terawattora.

Un terawattora corrisponde a un miliardo di kilowattora. Per indicare i consumi e le quantità di energia consumate a volte si utilizzano le tonnellate equivalenti di petrolio.

Una **tonnellata equivalente di petrolio** (TEP in italiano) indica quanta energia è contenuta in una tonnellata di petrolio.

Essa vale circa 42 GJ (Giga Joule), che è l'energia che viene liberata nella combustione della TEP. Tale valore è convenzionale, in quanto il potere calorifico del petrolio cambia a seconda della sua qualità e provenienza.

L'aumento del fabbisogno di energia è una tendenza che è stata costante nel tempo. Nel corso degli ultimi due secoli c'è stato un incremento repentino della domanda di combustibili ed anche un cambiamento nella composizione delle loro percentuali di utilizzo a seconda della tipologia.

Nella figura successiva vediamo come per un periodo lunghissimo, che va dal 1.000 a.C. fino a circa il 1.800 d.C., le quote di combustibili utilizzati erano composte prevalentemente da biomassa e da una certa parte di carbone prodotto da legname.

Dal 1.800 d.C. in poi prendono piede l'estrazione del carbone da miniera e di idrocarburi come il petrolio. (10).

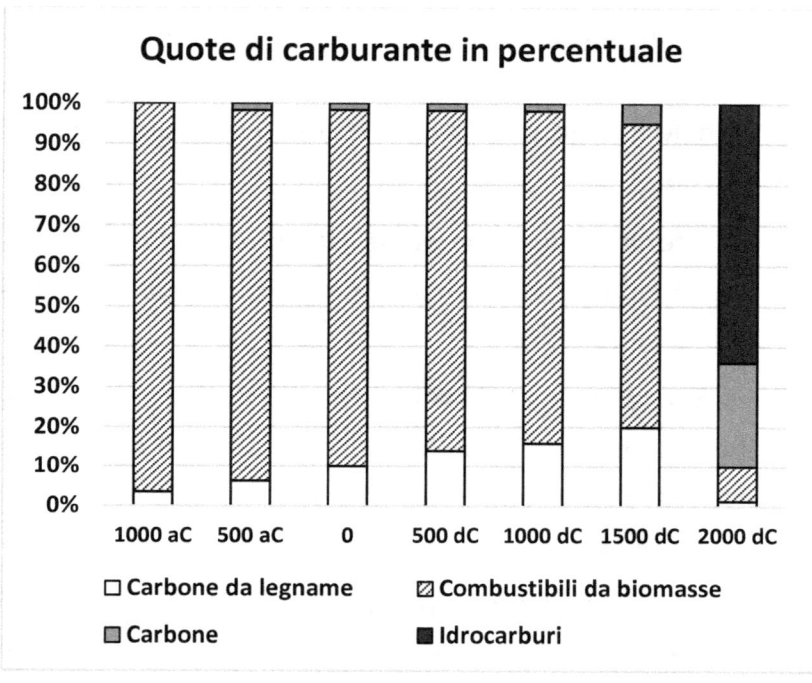

Figura 6: Quote approssimative del consumo glo-bale delle tipologie di combustibili nel periodo dal 1000 AC al 2000 DC

Lo sviluppo dei trasporti ha fatto crescere in maniera re-pentina la domanda di petrolio, ma i combustibili fluidi e il gas naturale sono diventati importanti anche per sop-perire alla richiesta di riscaldamento. Inoltre le fonti fossili sono state sempre più impiegate nell'industria chimica, soprattutto grazie allo sviluppo e alla produzione delle materie plastiche.

Ogni volta che nella storia dell'umanità è stata disponibile una nuova fonte energetica e ne sono state consumate grandi quantità, c'è stato un corrispondente salto in avanti dell'evoluzione tecnologica.

La figura successiva illustra la connessione fra combustibili, processi innovatori, periodi di avanzamento tecnologico e cicli economici sul lungo periodo.

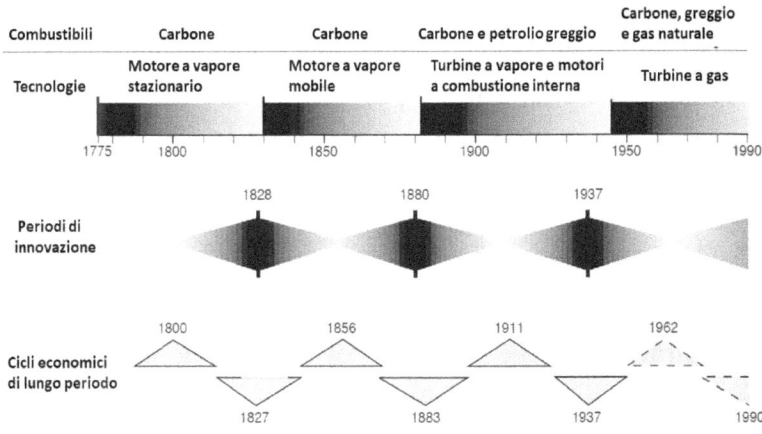

Figura 7: Linea temporale delle maggiori ere energetiche, periodi di innovazione tecnologica e cicli economici (riprodotto con il permesso di Vaclav Smil)

(10)

Nella prima riga in alto ci sono i tipi di risorsa energetica (carbone, carbone e greggio, carbone, greggio e gas naturale).

Nella seconda riga ci sono le tecnologie che hanno rappresentato un periodo storico. Partono con il motore a vapore stazionario e finiscono con le turbine a gas.

La terza riga illustra i periodi di innovazione tecnologica ai quali sono collegati i periodi di transizione energetica. Il primo periodo di innovazione ha avuto il suo massimo nel 1828 ed è associato alla invenzione dei motori a vapore mobili. Il secondo periodo di innovazione ha il massimo nel 1880, associato all'introduzione della generazione elettrica, delle turbine a vapore e i motori a combustione interna. Il terzo periodo di innovazione, con il suo massimo nel 1937, ha visto l'avvento delle turbine a gas, le luci fluorescenti e l'energia nucleare. (10)

Nella quarta ed ultima riga in basso vediamo l'andamento dei cicli economici di lungo periodo. I periodi di massimo nei cicli economici corrispondono al momento di massima diffusione delle innovazioni tecnologiche che hanno iniziato un cambiamento. I periodi di decrescita economica sono invece collocati in corrispondenza della fine di una tecnologia e dell'inizio di un nuovo salto tecnologico che ha richiesto nuovi investimenti, per diventare poi motore di un nuovo slancio produttivo ed evolutivo. La prima di queste ondate è collocata all'aumento dell'estrazione del carbone e l'introduzione dei motori a vapore stazionari (1787-1814). La seconda ondata è stata favorita dalle ferrovie, le navi a vapore e la metallurgia dell'acciaio (1843-1869). Infine la terza spinta è stata data da l'aumento della generazione elettrica e dalla sostituzione dei motori a vapore con motori elettrici nella produzione industriale (1898-1924).

La figura 8 fa vedere che l'elettricità è sempre più diffusa come forma in cui utilizzare l'energia che produciamo e trasformiamo sia perché è pulita e relativamente facile da trasportare, sia perché molte delle macchine e dispositivi che abbiamo sviluppato, come sistemi informatici e dispositivi elettronici, funzionano grazie all'elettricità. (9)

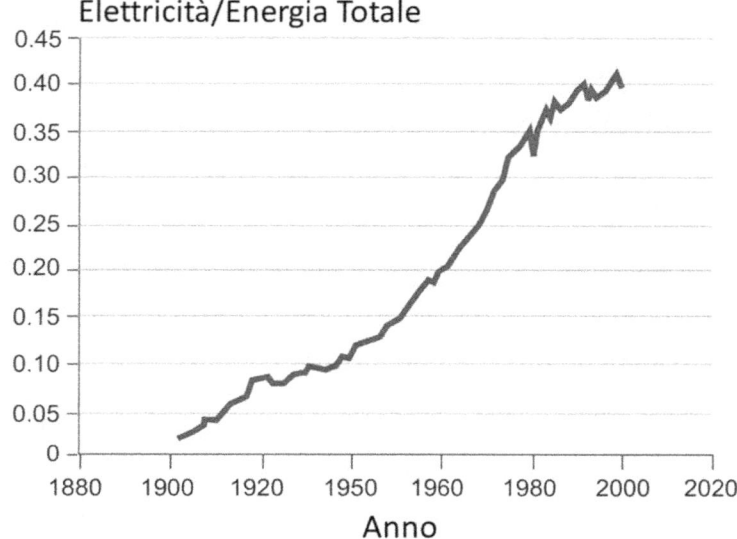

Figura 8: Rapporto tra elettricità e energia primaria negli USA dal 1900. (9)

3.2 L'aumento dei prodotti della combustione

L'incremento della popolazione globale ha come conseguenza l'incremento della dispersione nell'ambiente degli scarti e residui derivanti dalla attività umana.

La nostra capacità di estrarre e trasformare materie prime ha condizionato l'equilibrio relativo che sussisteva fra i nostri antenati e l'ambiente.

L'utilizzo del petrolio sia come combustibile, sia come materia da trasformare per ottenere i suoi derivati, ha aumentato l'inquinamento ambientale in maniera esponenziale dagli anni '50 del secolo scorso in poi.

Uno degli effetti più gravi generato dall'attività umana è l'effetto serra, che proveremo a spiegare con un semplice esempio:

Immaginiamo di avere un terreno esposto al sole.

Esso irradierà il terreno con una certa quantità di energia. Il terreno assorbirà questa energia e si scalderà. Una parte del calore verrà dispersa nell'aria.

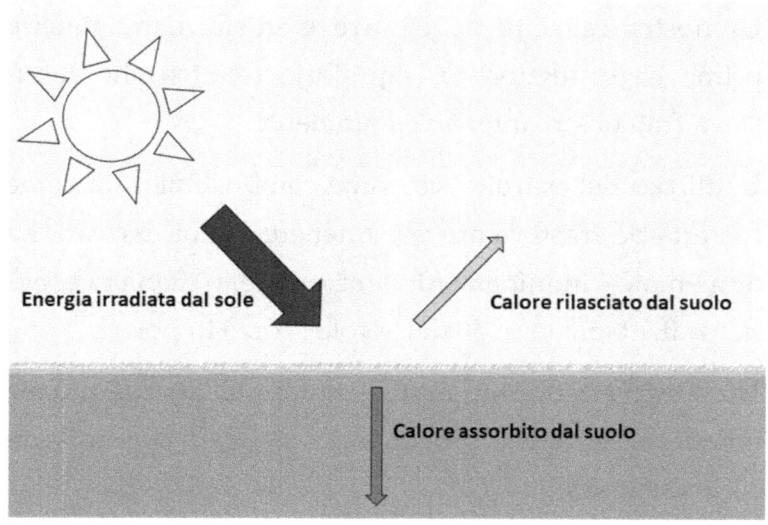

Figura 9: Una parte dell'energia irradiata dal sole viene assorbita dal terreno e un'altra viene rilasciata come calore

Immaginiamo di costruire nella stessa area di suolo una serra. Questa, poiché trasparente, farà passare la stessa quantità di energia sotto forma di radiazione luminosa. Resteranno uguali anche l'energia assorbita dal terreno e quella rilasciata come calore nell'aria.

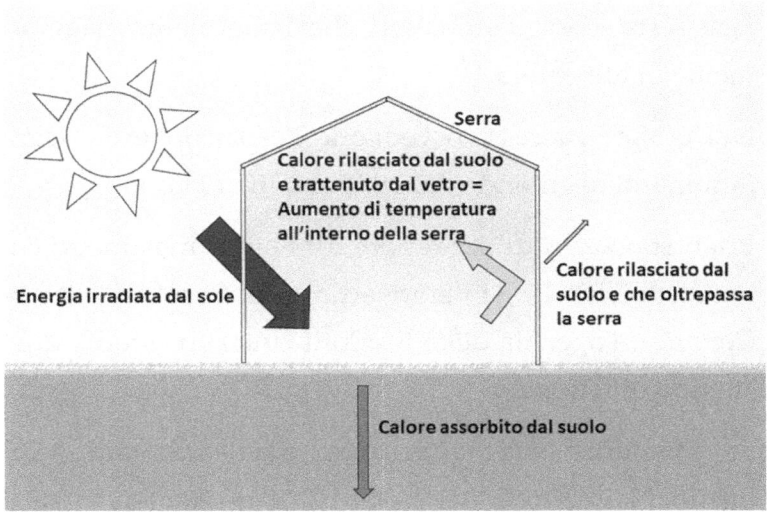

Figura 10: La serra fa passare la luce ma trattiene il calore. La temperatura al suo interno aumenta.

Adesso però c'è una struttura di vetro, cioè la serra, che lascia passare la luce, ma non lascerà disperdere il calore rilasciato dal suolo nell'atmosfera, perché agisce come una barriera termica. Di conseguenza la temperatura all'interno della serra aumenterà.

Lo stesso fenomeno avviene su scala più grande per il nostro pianeta.

L'area di suolo dell'esempio è tutta la superficie terrestre. La serra rappresenta i gas serra come la CO_2.

I gas serra sono gli inquinanti che disperdiamo maggiormente in atmosfera.

Nel grafico successivo vediamo l'espansione di alcuni inquinanti nel mondo dal 1970 al 2010. (11).

I dati sono estratti dal report 2014 sui cambiamenti climatici dell'IPCC – (Intergovernmental Panel on Climate Change), l'agenzia delle Nazioni Unite che studia questo tipo di fenomeni.

Le emissioni di gas inquinanti sono state in continuo aumento. Nel periodo dal 2000 al 2010 questa tendenza si è accentuata, nonostante l'aumento delle politiche di contrasto ai cambiamenti climatici.

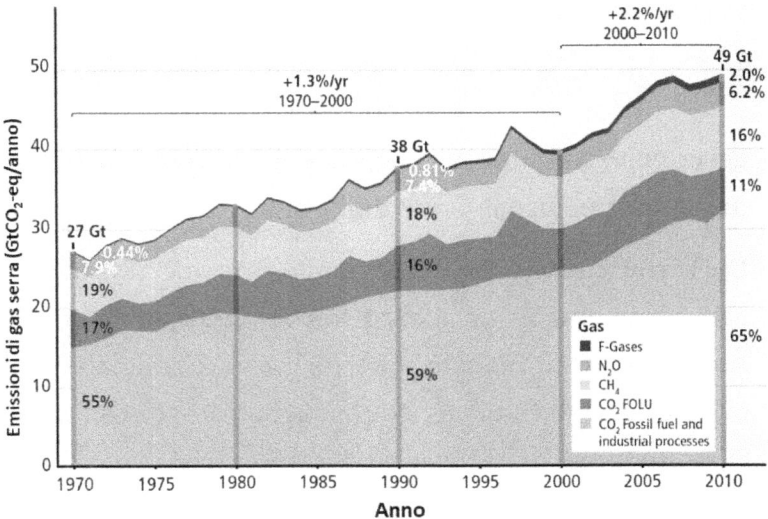

Figura 11: Emissioni annuali di gas serra (GHG): F-Gases (Gas Fluorurati); N₂O Ossido di Azoto; CH₄ metano; CO₂ FOLU emessa da silvicoltura e altri utilizzi del terreno; CO₂ emessa dalla combustione di combustibili fossili e processi industriali

Si può notare come l'impatto più forte è dato dalla CO_2 rilasciata dai processi industriali.

Tra i fattori che maggiormente contribuiscono a questo incremento continuo ci sono la crescita della popolazione e la crescita economica.

3.2.1 Il forzante radiativo

Il **forzante radiativo** è una grandezza utile per descrivere l'impatto sull'ecosistema causato dal riscaldamento globale generato dall'attività umana.

La Terra, circondata dallo spazio, è come un oggetto caldo immerso in un mezzo freddo. Energia arriva costantemente sul pianeta sotto forma di luce solare. Una parte di questa radiazione (circa il 30%) è riflessa indietro sotto forma di radiazione infrarossa e una parte viene assorbita dalla crosta terrestre.

Possiamo immaginare una pentola piena di acqua in una stanza a temperatura ambiente. Siamo in una condizione di equilibrio e, come tutti possiamo constatare dall'esperienza comune, la temperatura dell'acqua non varierà (se escludiamo piccole variazioni a livello infinitesimale). Il flusso di energia tra la Terra e lo spazio si può considerare costante ed in equilibrio come quello tra l'acqua nel recipiente e la stanza.

Se accendiamo una fiamma sotto la pentola, ci sarà più energia immessa nella pentola rispetto a quella che viene irradiata fuori e l'acqua incomincerà a scaldarsi.

I processi di combustione generati dall'attività umana sono assimilabili alla fiamma che accendiamo sotto alla pentola.

Il forzante radiativo dà una grandezza di quanta energia entra e quanta esce dal nostro pianeta e ci fornisce una indicazione diretta sull'eventuale squilibrio del bilancio energetico fra Terra e spazio.

Esso viene misurato in Watt per metro quadro di superficie, quantifica l'impatto che hanno le attività umane sul cambiamento climatico e tiene conto non solo dei gas serra ma anche di fenomeni che cambiano la riflettività della superficie terrestre come la deforestazione o lo scioglimento dei ghiacci perenni.

Il forzante radiativo era molto basso in passato e ha iniziato ad avere una variazione rilevante a partire dalla seconda metà del 18° secolo (viene considerato l'anno 1750 o per periodi più recenti il 1850).

Nella figura seguente possiamo vedere alcuni dati che correlano l'aumento di sostanze inquinanti e il forzante radiativo.

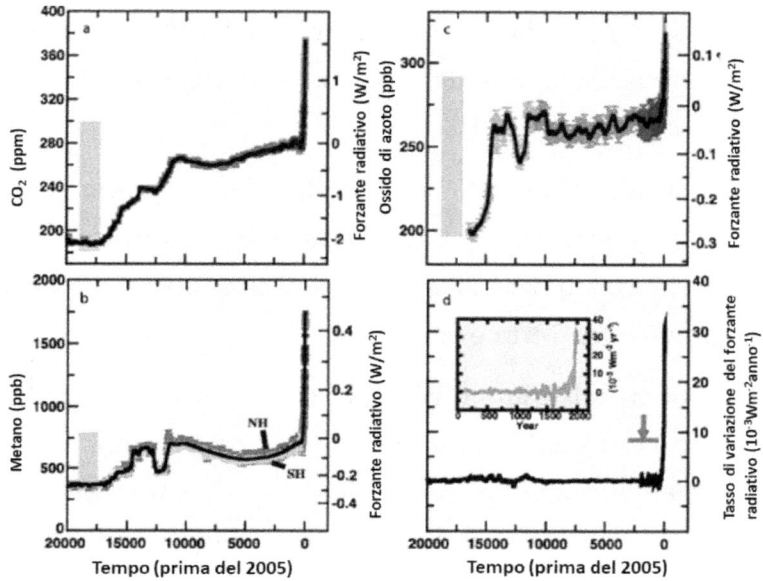

Figura 12: Valore del forzante radiativo collegato a anidride carbonica (CO₂), metano (CH₄), ossido di azoto (N₂O). Nel quarto grafico il cambiamento del forzante radiativo dovuto alla loro interazione relativo agli ultimi 20.000 anni, ricostruito dal ghiaccio antartico e da osservazioni atmosferiche dirette (12)

Dalla figura 12 si può vedere come il tasso di crescita del forzante radiativo dal 1750 ad oggi, non ha precedenti negli ultimi 10.000 anni (riquadro piccolo nel quarto grafico). (12)

Le barre grigie nelle figure mostrano l'intervallo di variabilità, ricostruito in base ai dati che oggi possediamo, del forzante radiativo nei 650.000 anni passati. Rispetto alla barra grigia i valori degli ultimi due secoli risultano ampiamente fuori media.

La freccia grigia nel grafico (d) indica il tasso di variazione del forzante radiativo che risulterebbe se le variazioni dei principali gas serra venissero ridotte al più basso tasso di accumulo nell'atmosfera riscontrato nelle misurazioni.

Gli effetti delle sostanze inquinanti sono molteplici e dannosi. I gas serra fanno aumentare il riscaldamento dell'atmosfera, i prodotti delle combustioni sono tossici.

Le materie plastiche, uno dei prodotti principali che si ottengono dal petrolio, sono tra i più diffusi inquinanti dell'ecosistema e rimangono nell'ambiente senza essere biodegradate per tempi estremamente lunghi.

4 Le energie rinnovabili

La Terra è assimilabile a un sistema chiuso, che non scambia materia con l'esterno ma scambia energia.

Ogni giorno riceve dal sole una quantità media di energia pari a 1.366,9 W/m^2.

Essa viene assorbita dal nostro ecosistema come calore, come luce ed è indispensabile per la sintesi clorofilliana e tutto il ciclo del carbonio al quale è legata la vita sulla terra.

Le energie rinnovabili sfruttano l'energia che arriva dal sole sotto forma di energia irradiata come luce e calore (solare termico e fotovoltaico) o come energia cinetica (energia eolica, idrica).

Altre forme di energia rinnovabile utilizzano indirettamente l'energia solare, come l'energia dalle biomasse, oppure sfruttano il calore generato dal nucleo terrestre, come l'energia geotermica.

Nelle pagine successive ci concentreremo su energia fotovoltaica ed eolica. Le due fonti rinnovabili che al momento hanno maggiore diffusione e hanno un rapporto costi/benefici migliore rispetto alle altre.

4.1 Potenza ed energia prodotta

Prima di descrivere in modo più dettagliato i dispositivi che sfruttano l'energia presente nell'ambiente come il sole e il vento, diamo alcune definizioni che possono essere utili.

Potenza: la potenza è l'energia che in un dato fenomeno viene trasferita per unità di tempo;

Potenza di picco: è la potenza massima che può essere erogata per brevi periodi di tempo;

Potenza nominale: è la potenza che viene erogata in modo continuativo per un determinato intervallo di tempo in particolari e specificate condizioni operative in corrispondenza delle quali avviene la trasmissione di energia (ad esempio temperatura esterna, velocità del vento...ecc. ecc.). La potenza si misura in watt (W). I watt si possono convertire in joule e viceversa secondo la seguente equazione:

$$1W = \frac{1J}{s}$$

L'energia che viene trasferita con una determinata potenza e per un determinato intervallo di tempo si misura in joule (J), ma si può indicare anche in wattora (Wh). Di solito non si utilizzano i watt-ora ma i chilowattora (kWh), cioè un watt moltiplicato per mille, perché è una scala di grandezza che si adatta meglio al funzionamento di molti dispositivi e macchinari che utilizziamo.

Quindi un pannello solare o una pala eolica avranno una loro potenza nominale che, a determinate condizioni di funzionamento, gli consentirà di produrre una certa quantità di energia in un determinato intervallo di tempo. Nel grafico seguente, vediamo l'evoluzione della produzione di energia a livello mondiale nel corso del tempo, suddivisa per fonti di energia. (13)

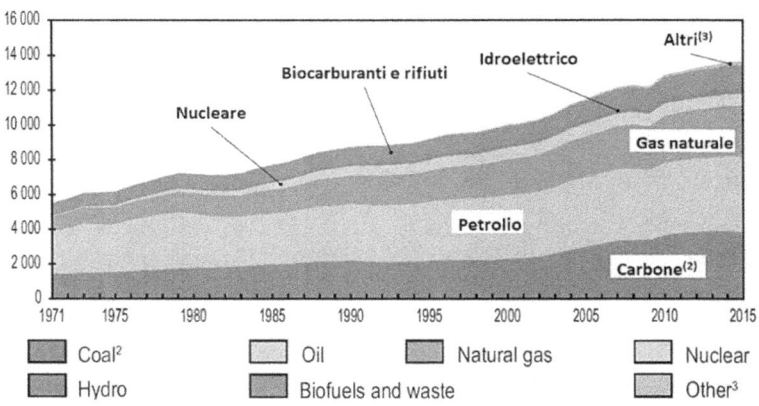

Figura 13: Produzione mondiale totale di energia primaria suddivisa per combustibile in Megatep (un milione di tonnellate equivalenti di petrolio). (1) Include trasporti internazionali aerei e marittimi. (2) La torba e l'olio di scisto sono aggregati al carbone. (3) Include geotermico, solare, eolico, maree, onde, oceano, vapore e altre.

Si può vedere come la produzione mondiale di energia sia in continua crescita. La quota di energie rinnovabili è aumentata ma resta ancora una parte minoritaria della produzione globale se confrontata alle fonti tradizionali.

Nella figura successiva vediamo gli stessi dati della figura 13, riportati per l'Italia in Mtep.

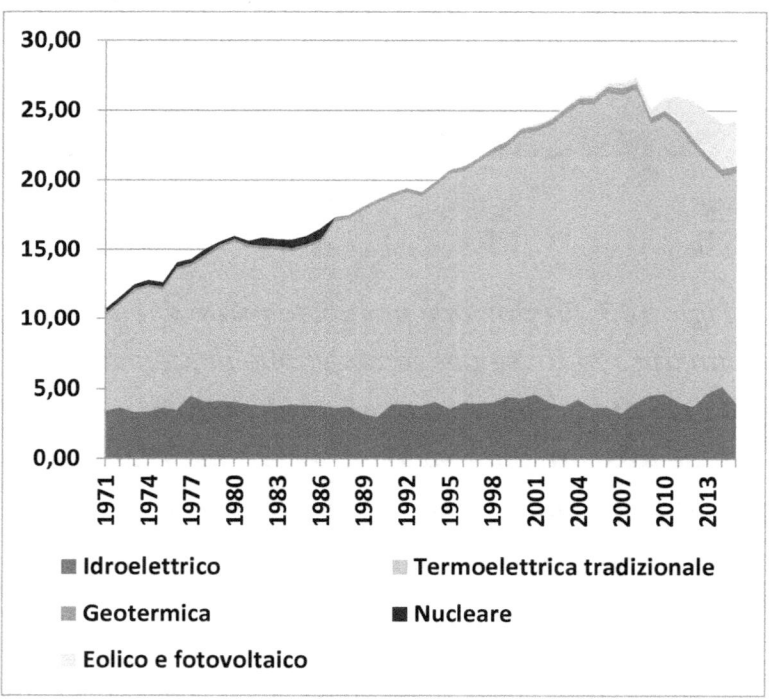

Figura 14: Produzione di energia primaria in Mtep (mega tonnellate di petrolio equivalente) in Italia dal 1971 al 2015. Grafico tratto dai dati statistici pubblicati da Terna, il gestore della rete di trasmissione italiana. (14)

È facile vedere come le energie rinnovabili abbiano assunto una importanza maggiore negli ultimi anni, ma restano ancora minoritarie rispetto alle fonti tradizionali.

Nel grafico successivo la suddivisione in percentuale della produzione di energia mondiale per il 2015. (13)

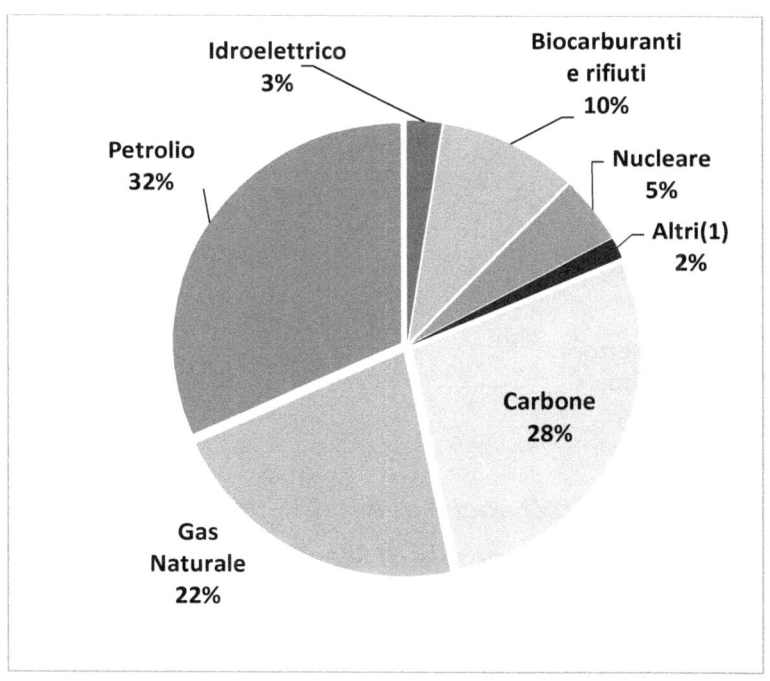

Figura 15: Produzione mondiale di energia primaria nel 2015 in percentuale di mega tonnellate equivalenti di petrolio. (1) Include geotermico, solare, eolico, maree, onde, oceano, vapore e altre.

Le fonti fossili coprono più dell'80% della produzione mondiale. Nel grafico seguente vediamo lo stesso tipo di dati, relativi all'Italia nel 2015.

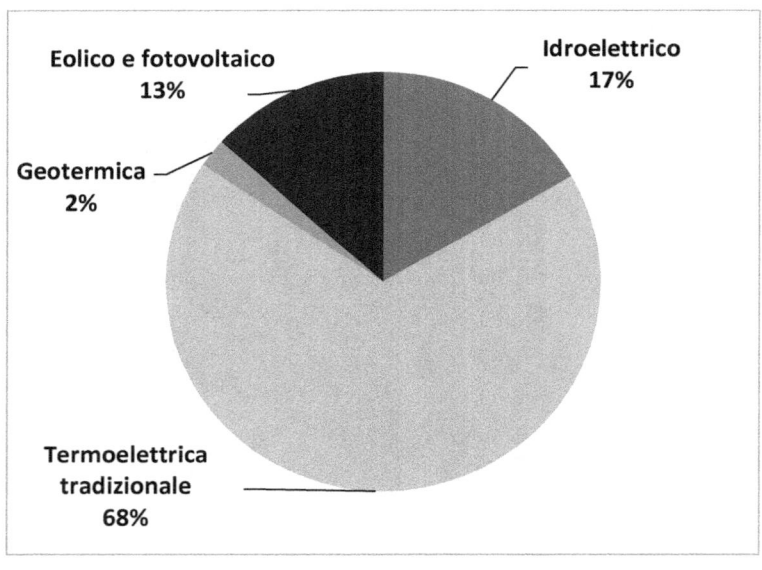

Figura 16: Produzione di energia primaria in Italia nel 2015 in percentuale di Mega tonnellate equivalenti di petrolio (14)

Quasi il 70% della produzione è rappresentato dalle fonti fossili, ma una fetta rilevante è costituita dalle fonti rinnovabili. In Italia c'è una importante presenza di impianti idroelettrici e negli ultimi anni c'è stato un forte incremento di impianti fotovoltaici ed eolici. La differenza con la media mondiale è significativa.

In Italia circa il 30% della produzione di energia primaria è garantito da idroelettrico, eolico e solare a fronte di circa il 4% a livello mondiale. Una importante differenza in positivo.

4.2 Le principali tecnologie che producono energia da fonti rinnovabili

4.2.1 L'energia da biomassa

Cosa intendiamo quando parliamo di biomassa? La biomassa può essere definita come l'insieme di materia organica di origine vegetale ed animale, ad eccezione dei combustibili fossili e le materie plastiche, che può essere utilizzata per produrre energia.

Alcuni esempi di biomassa sono gli scarti della produzione agricola e zootecnica, prodotti secondari e di scarto dell'industria, i rifiuti urbani, le coltivazioni di piante utilizzate appositamente per la produzione di oli vegetali.

La biomassa può essere direttamente impiegata come combustibile oppure trasformata essa stessa in combustibili utilizzati in seguito come fonte energetica. La composizione e la provenienza delle biomasse sono schematizzate nella seguente tabella:

Tabella 4: Differenti tipologie di biomasse

Origine della biomassa	Componenti delle biomasse	Combustibile o fonte energetica
Boschi e foreste	Scarti della lavorazione di legno e cellulosa, residui organici dei sottoboschi	Pellet, cippato
Agricoltura	Piantagioni coltivate direttamente per produrre energia, scarti della produzione agricola e zootecnica	Biocombustibili, oli vegetali
Rifiuti	Scarti delle attività umane, rifiuti	Biogas, biocombustibili, prodotti per la combustione diretta

I combustibili e le fonti di energia ricavate dalle biomasse possono essere impiegati in diversi modi e con differenti tecnologie, che hanno assunto nel corso degli anni un differente stadio di evoluzione. Alcune applicazioni hanno una diffusione su scala industriale, altre sono ancora applicazioni di nicchia che richiederanno, dove possibile, ulteriore sviluppo.

I metodi per produrre energia da biomasse si possono dividere in due categorie principali:

- Processi biochimici;
- Processi termici.

Alla base dei processi biochimici di conversione della sostanza organica c'è il principio che alcuni organismi, quali funghi e batteri, si alimentano di sostanza organica, ossidandola e ottenendo come scarto della loro attività composti chimici, come ad esempio il biogas, che possono poi essere utilizzati per produrre energia.

I processi termochimici consentono di ottenere energia grazie alle reazioni chimiche che avvengono applicando alla biomassa energia termica, cioè calore.

Di seguito un elenco di questi processi:

4.2.1.1 Processi Biochimici

Digestione anaerobica: l a digestione anaerobica
è un processo di decomposizione di sostanza organica
da parte di microorganismi, che avviene in assenza di
aria.

Gli elementi organici che vengono trattati sono fondamentalmente carboidrati, grassi e proteine, che possono
derivare da deiezioni animali, residui colturali, scarti organici dell'agroindustria e della macellazione, frazione
organica dei rifiuti urbani e colture agricole (mais,
colza...ecc.).

La digestione anaerobica genera come prodotti biogas e
residui liquidi e solidi che possono essere utilizzati come
fertilizzante. Il biogas prodotto è composto principalmente da metano e anidride carbonica. Il biogas può essere utilizzato per combustione diretta in caldaia per la
produzione di energia termica, per combustione in motori di gruppi elettrogeni per la produzione di energia
elettrica, per combustione in cogeneratori per la produzione combinata di energia elettrica e di energia termica
e per uso per autotrazione come metano.

Digestione aerobica: La digestione aerobica è la decomposizione della biomassa tramite microorganismi in presenza di ossigeno. L'attività dei microorganismi libera calore che è generato dalla loro attività metabolica e produce anidride carbonica e acqua. Il calore ottenuto può essere trasferito a scambiatori di calore a fluido, utilizzati per il riscaldamento.

Fermentazione alcolica: La fermentazione alcolica avviene in assenza di aria. Grazie ad essa gli zuccheri presenti nella materia organica vengono trasformati in alcol (etanolo) e CO_2. L'etanolo può essere poi utilizzato come combustibile.

Oli vegetali: Gli oli vegetali vengono ricavati ed estratti da piante coltivate appositamente come la colza, il girasole e la soia. Gli oli vengono opportunamente lavorati e da essi si ricavano combustibili come il biodiesel, che può essere utilizzato al posto del gasolio fossile.

4.2.1.2 Processi Termochimici

Carbonizzazione: La carbonizzazione trasforma il legno e la materia di origine vegetale in carbone, attraverso una reazione termochimica che avviene in assenza di aria, a temperature che si aggirano attorno ai 250° C. È una tecnica che ha radici antiche, utilizzata da secoli nelle carbonaie. Con questo procedimento vengono eliminate acqua e sostanze volatili, per ottenere un maggiore resa come combustibile.

Gassificazione: La gassificazione avviene attorno ai 1.000° C, in parziale carenza di ossigeno e trasforma la materia organica in gas combustibile. In un gassificatore la biomassa viene essiccata e quindi scomposta grazie alle alte temperature in gas composto principalmente da ossidi di carbonio, azoto, idrogeno e metano. Il gas viene poi filtrato dalle impurità e utilizzato come combustibile per differenti utilizzi. In genere può essere utilizzato per alimentare turbine a gas che a loro volta generano calore che può essere utilizzato per un ciclo termico.

Pirolisi: La pirolisi avviene con scarsa o nulla presenza di ossigeno, a temperature che oscillano tra i 400° e gli 800° C. Anche in questo caso dal materiale organico si ricavano gas, liquidi e solidi utilizzabili come combustibili.

4.2.1.3 Potenza installata a livello globale e nazionale

Nei grafici seguenti possiamo vedere la quantità di potenza in MW generata da impianti a biomassa nel mondo nel corso degli ultimi anni.

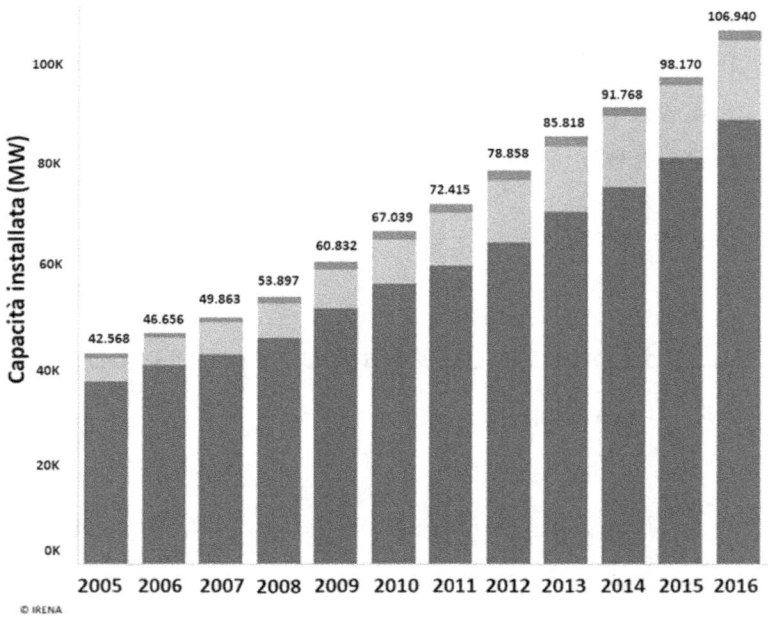

Figura 17: Potenza in MW di impianti a biomassa installata nel mondo dal 2005 al 2016. La banda in alto rappresenta gli impianti a biomassa solida, la banda chiara gli impianti a biogas e quella scura in basso gli impianti a biocombustibili liquidi (15)

I dati sono tratti dal portale web di Irena (International Renewable Energy Agency), agenzia intergovernativa e internazionale fondata nel 2009 alla quale aderiscono più di 170 stati membri.

Il portale web di Irena consente di estrarre lo stesso grafico anche per l'Italia.

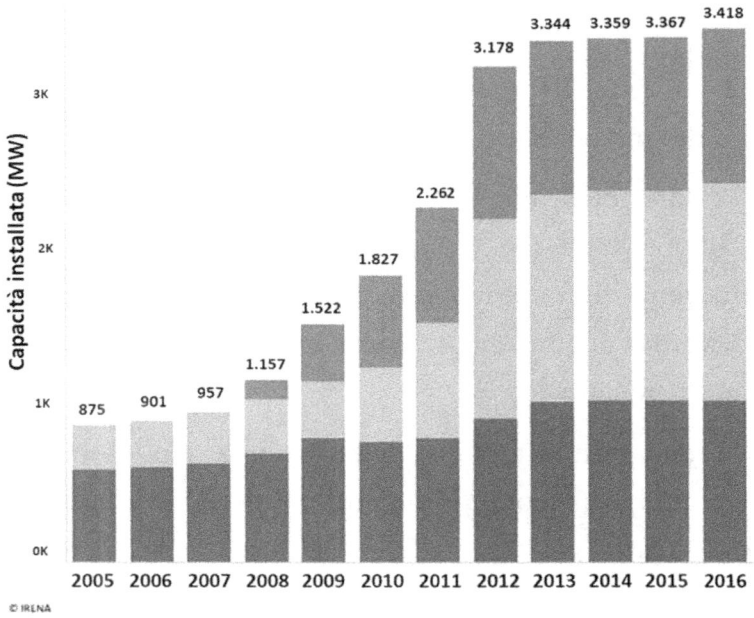

Figura 18: Potenza in MW di impianti a biomassa installata in Italia dal 2005 al 2016

4.2.2 L'energia geotermica

L'energia geotermica è generata dal calore che proviene dall'interno della terra.

Si può considerare la geosfera terrestre divisa in tre grandi macro aree. La crosta, il mantello e il nucleo.

Il calore che proviene dall'interno della terra è generato dalla parte più interna, ancora attiva in seguito alla formazione del corpo celeste, grazie al decadimento radioattivo degli elementi come uranio e torio che compongono il nucleo.

La temperatura all'interno del pianeta non è costante, ma cambia a seconda della profondità ed in base alle caratteristiche geologiche. Il gradiente geotermico rappresenta la variazione di calore presente nel sottosuolo e, in media, la temperatura aumenta in profondità di circa 2,5/3 C° ogni 100 metri.

Il calore fonde le rocce degli strati più profondi del mantello, generando il magma. Il magma può risalire in superficie e attraversare la crosta, emergendo come lava attraverso i vulcani o in corrispondenza delle faglie che delimitano il confine tra le piattaforme continentali.

Nella maggior parte dei casi il magma non fuoriesce in superficie, ma rimane all'interno della crosta. In questo modo, il calore da esso trasportato, può venire scambiato con le rocce vicine e con sorgenti di acqua nel sottosuolo, che possono così riscaldarsi e trasportare il calore sino in superficie sotto forma di sorgenti di acqua calda e geyser.

Le acque calde possono restare confinate nel sottosuolo, se si trovano ad essere delimitate da strati di roccia impermeabile. In tal caso si formano delle sorgenti di calore che costituiscono delle riserve geotermiche.

In condizioni normali, alle profondità che vanno da 1 km a 1,5 km si raggiungono temperature comprese tra i 30°C e i 50°C.

Alle stesse profondità ma in presenza di sorgenti geotermiche, si raggiungono temperature che variano tra i 100°C e i 150°C.

Nelle zone vicine ai punti di contatto delle piattaforme continentali, nei punti di faglia in cui si ha interazione fra i margini delle zolle, la temperatura può partire dai 400°C sino ad arrivare ai 1.500°C.

Un sistema geotermico si può schematicamente considerare composto da tre elementi principali. Una sorgente di calore, una riserva di calore e un fluido che trasporta il calore stesso.

La sorgente di calore può essere a bassa temperatura, come nel caso di rocce calde in profondità. Spesso le sorgenti sono ad elevata temperatura, perché generate da intrusioni magmatiche a profondità di circa 5 o 10 km.

Le riserve di calore sono rocce permeabili, che vengono scaldate dalla sorgente e al cui interno circola il fluido che farà poi da vettore. Spesso le rocce permeabili sono collegate a zone della superficie che fanno da collettori per le acque meteoriche, che vengono assorbite nel sottosuolo e vanno poi a ricostituire il fluido ad alta temperatura che circola all'interno delle rocce della riserva. Il fluido trasportatore di calore è quasi sempre acqua di origine meteorica e se non risale in superficie spontaneamente, può essere estratto tramite trivellazione.

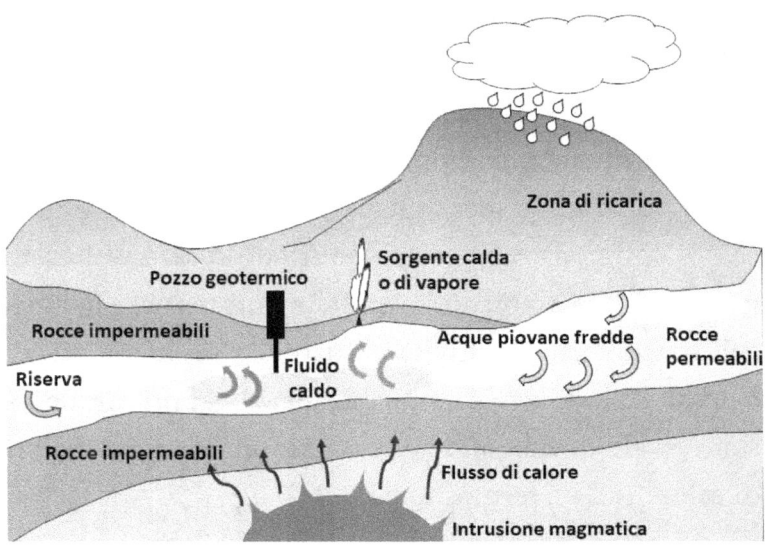

Figura 19: *Sistema geotermico*

4.2.2.1 Utilizzi dell'energia geotermica

L'energia geotermica può essere utilizzata in diversi modi ed applicazioni e le principali sono individuabili in tre grandi categorie:

- Riscaldamento diretto di ambienti e luoghi grazie alla fonte geotermica;
- Condizionamento di ambienti tramite pompa di calore;
- Produzione di energia elettrica.

4.2.2.1.1   Riscaldamento diretto

Il riscaldamento diretto ha radici antiche ed è il modo più semplice per utilizzare l'energia geotermica. Il calore sprigionato dal sottosuolo può essere utilizzato per riscaldare ambienti, in stabilimenti termali, in agricoltura ed anche in attività industriali. Nei luoghi in cui è possibile l'utilizzo diretto, l'acqua o i vapori caldi possono essere deviati all'interno di scambiatori e diffusori di calore (ad es. termosifoni).

In presenza di suolo caldo, si possono utilizzare tubazioni e scambiatori di calore interrati.

4.2.2.1.2   Condizionamento degli ambienti tramite pompa di calore

Le pompe di calore geotermiche sfruttano la temperatura costante presente ad una profondità della crosta terrestre che va dai 3 ai 90 metri.

Lo scambio di calore avviene tra il sottosuolo a temperatura costante che funge da serbatoio di calore e l'ambiente da condizionare.

Per effettuare lo scambio vengono utilizzate delle tubazioni che si possono estendere in profondità o in superficie, per aumentare l'area in cui è possibile trasmettere il calore.

La pompa fa circolare del fluido attraverso condutture a circuito chiuso, che agiscono da scambiatori termici col sottosuolo.

La temperatura costante del sottosuolo, mantiene a sua volta costante la temperatura del fluido che circola nelle condutture.

Per fornire calore, il sistema sottrae calore al sottosuolo e lo distribuisce tramite un impianto tradizionale di riscaldamento. Per raffrescare l'ambiente, il processo è inverso ed il calore viene estratto dall'ambiente e convogliato nel circuito di tubi che scorrono nel sottosuolo, dove viene disperso.

In alternativa, il calore estratto può essere utilizzato anche per scaldare acqua all'interno di un serbatoio, che potrà poi essere utilizzata per usi domestici.

L'energia impiegata dalle pompe di calore geotermiche è inferiore rispetto a quella usata da un sistema tradizionale di riscaldamento, in quanto essa è utilizzata per raccogliere, concentrare e distribuire calore, e non quindi per produrlo.

4.2.2.1.3   Produzione di energia elettrica

La produzione di energia elettrica è realizzata sfruttando grandi bacini geotermici che rilasciano grosse quantità di vapori caldi, che azionano turbine che producono poi energia elettrica.

4.2.2.2 Potenza installata a livello globale e nazionale

Nei prossimi grafici, l'andamento della potenza installata negli ultimi anni nel mondo e in Italia.

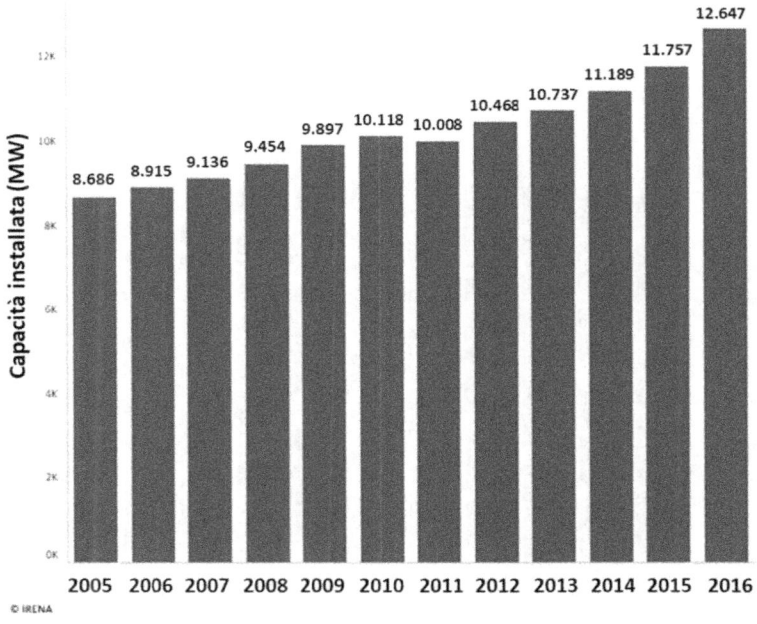

Figura 20: Potenza in MW di impianti geotermici installata nel mondo dal 2005 al 2016

In Italia:

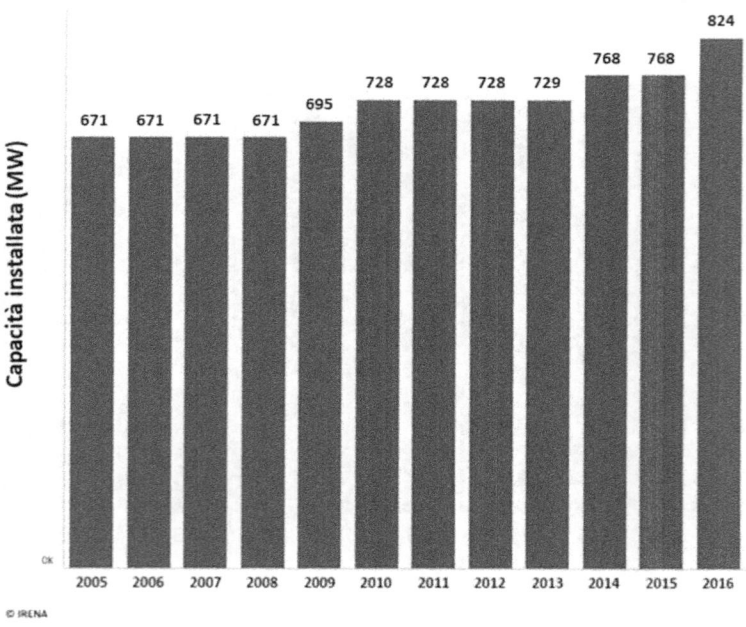

*Figura 21: Potenza in MW di impianti geotermici in-
stallata in Italia dal 2005 al 2016*

Si nota un incremento non particolarmente rilevante. Ciò è dovuto al fatto che tale tipo di impianti, così
come gli impianti idroelettrici, sono legati alla effettiva
presenza di fonti spontanee e naturali che sono presenti
in aree piuttosto limitate.

4.2.3 L'energia idroelettrica

L'utilizzo del movimento delle acque di superficie rappresenta uno dei metodi più antichi di imbrigliare l'energia meccanica generata dal loro moto.

I mulini sono un esempio molto antico di tecnologia che sfrutta il ciclo naturale dell'acqua che precipita verso il basso per raggiungere il livello del mare trascinata dalla forza di gravità. Queste macchine erano utilizzate dai Sumeri, dai Cinesi, dai Greci e dai Romani.

L'energia cinetica dell'acqua che scorre fa muovere la ruota del mulino. Questa trasmette il movimento per azionare i più svariati meccanismi (frantoi, macine...).

Oggi la tecnologia idroelettrica è una delle modalità di produzione di energia rinnovabile più utilizzata.

L'evoluzione dei dispositivi che trasmettevano energia meccanica dall'acqua a meccanismi rotanti è rappresentata dalle moderne centrali idroelettriche. Le prime turbine idrauliche risalgono alla fine dell'Ottocento.

Le centrali idroelettriche sfruttano l'energia cinetica dell'acqua in caduta da un serbatoio posto ad una determinata quota, fino alla centrale a valle in cui sono disposte le turbine che, trascinando in rotazione uno o più generatori connessi alla rete, convertono l'energia meccanica in elettrica.

Per le centrali più grandi vengono costruite dighe per la creazione di bacini artificiali, dai quali viene fatta cadere acqua sfruttando il dislivello di quota.

I rendimenti delle centrali idroelettriche sono tra i più alti nel campo della produzione di energia, sia da fonti rinnovabili che da quelle tradizionali.

Gli impianti idroelettrici possono sfruttare bacini idrici naturali o artificiali e avere il deflusso dell'acqua regolato da dighe o sbarramenti oppure possono essere impianti ad acqua fluente.

Negli impianti ad acqua fluente, il flusso naturale dell'acqua trasmette il movimento ad un albero rotante che a sua volta attiva un generatore di energia elettrica. In questo caso la produzione di energia è vincolata alla portata d'acqua presente in modo naturale e quindi sarà legata alle portate stagionali del corso d'acqua interessato.

Le centrali idroelettriche possono essere classificate in base alla loro potenza e alle loro dimensioni. Si parla di grandi impianti idroelettrici sino ai 10 MW di potenza.

Sotto a tale potenza si parla di impianti idroelettrici minori.

Le grandi centrali idroelettriche sono opere imponenti, che mutano radicalmente le aree in cui vengono installate e richiedono l'allagamento di vaste aree di territorio che vengono occupate dal bacino idrico del quale poi si sfrutterà la caduta dell'acqua.

Questo tipo di centrali hanno una elevata efficienza (riescono a trasformare circa l'80% dell'energia meccanica dell'acqua in energia elettrica) ed hanno una elevata flessibilità di utilizzo, riuscendo a generare energia in un tempo relativamente breve rispetto a quello delle centrali termoelettriche tradizionali.

In Italia le grandi dighe costruite nel corso dell'ultimo secolo contribuiscono al fabbisogno energetico nazionale per circa il 18%. Sebbene tali impianti abbiano un'alta efficienza e producano notevoli quantità di energia, gli spazi sfruttabili per la loro installazione sono limitati. Inoltre, come detto prima, gli impatti ambientali e sociali di tali opere sono spesso troppo elevati. Intere aree vengono modificate radicalmente e la creazione dei bacini artificiali può avere conseguenze importanti sugli abitanti dei territori coinvolti.

Per questi motivi, negli ultimi anni, si sta diffondendo sempre più l'utilizzo del mini idroelettrico, per impianti sotto la potenza di 100kW.

Gli impianti mini idroelettrici hanno un impatto ambientale limitato e sfruttano i piccoli salti e il flusso dei corsi d'acqua senza doverli imbrigliare con opere imponenti di ingegneria civile. Essi privilegiano la produzione e sfruttamento in loco dell'energia prodotta.

4.2.3.1 Potenza installata a livello globale e nazionale

Di seguito i grafici che indicano la potenza installata negli ultimi anni a livello globale e nazionale

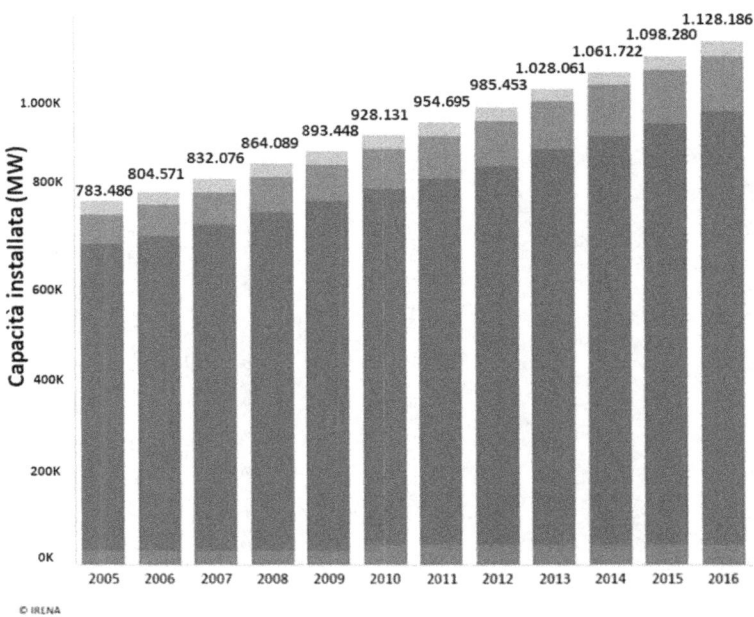

Figura 22: Potenza in MW di impianti idroelettrici installata nel mondo dal 2005 al 2016. La banda chiara in alto rappresenta gli impianti piccoli idroelettrici, a scendere la banda più scura indica gli impianti di taglia media, quindi le grandi centrali idroelettriche e infine gli impianti misti.

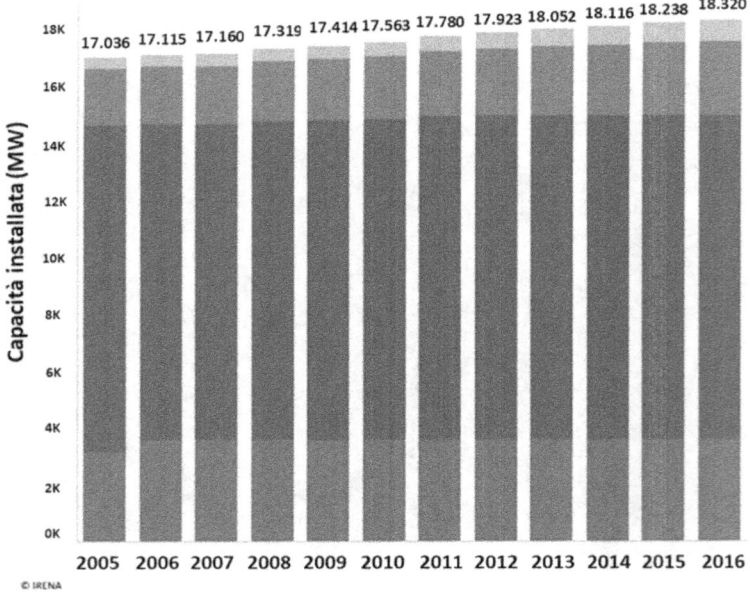

18.320

18K 17.036 17.115 17.160 17.319 17.414 17.563 17.780 17.923 18.052 18.116 18.238

© IRENA

*Figura 23: Potenza in MW di impianti idroelettrici
installata in Italia dal 2005 al 2016. La banda chiara
in alto rappresenta gli impianti piccoli idroelettrici,
a scendere la banda più scura indica gli impianti di
taglia media, quindi le grandi centrali idroelettriche
e infine gli impianti misti.*

In Italia l'aumento della potenza installata non è stato significativo, in quanto i siti migliori con la maggiore potenzialità sono stati già tutti sfruttati nei decenni precedenti.

4.2.4 L'energia dal mare

Il mare ricopre la maggior parte della superficie terrestre ed è una massa d'acqua di volume enorme e in perenne movimento.

Tale movimento rappresenta una incredibile quantità di energia meccanica che, in particolari condizioni ed in particolari luoghi, può essere imbrigliata ed utilizzata.

L'energia meccanica e termica posseduta dalle masse d'acqua dei mari è immensa e allo stesso tempo difficile da utilizzare, perché dispersa in un volume vastissimo.

Gli impianti che sfruttano l'energia meccanica delle masse d'acqua marine racchiudono diverse soluzioni ed approcci tecnologici che hanno raggiunto differenti livelli di maturazione sia tecnica che economica. In molti casi alcune tecnologie sono ancora a livello sperimentale ed hanno spese di produzione e valori di efficienza che non consentono di avviare economie di scala per ridurne i costi.

Si può ricavare energia dal mare grazie alle correnti, alle onde, alle maree e al gradiente termico (cioè la differenza di temperatura lungo la verticale) tra superficie e fondale.

4.2.4.1 Energia dalle correnti

Questo tipo di soluzione è concettualmente simile a quello che rappresentano le pale eoliche sulla terraferma. Eliche o corpi rotanti di opportune dimensioni e forme, in base alla corrente presente nel luogo di interesse, possono muoversi azionate dal flusso dell'acqua, proprio come farebbe una pala eolica grazie al vento.

Figura 24: Esempio di turbina marina, che viene immersa sott'acqua per funzionare

Le turbine possono essere installate in zone di mare con dei passaggi di correnti costanti, oppure in zone in cui c'è un afflusso e deflusso d'acqua dovuto alle maree, che con il loro fluire possono azionare in entrambi i sensi i dispositivi mobili.

4.2.4.2 Energia dalle onde

L'idea di fondo che c'è nei macchinari che sfruttano il moto ondoso, è quella di trasmettere il movimento che si sviluppa su un asse verticale a dispositivi meccanici che riescano a trasformare questo moto in energia.

Uno degli esempi più riusciti è chiamato Pelamis, ed è una struttura galleggiante semisommersa costituita da una serie di cilindri di acciaio della lunghezza di circa 25 metri ciascuno ed un diametro di circa 3 metri.

Figura 25: Impianto "Pelamis" dal nome della casa produttrice (16)

I cilindri sono collegati tra loro attraverso dei giunti. In corrispondenza dei giunti ci sono delle pompe idrauliche che, grazie al moto ondoso, comprimono fluido ad alta pressione che fa muovere poi dei generatori per produrre elettricità.

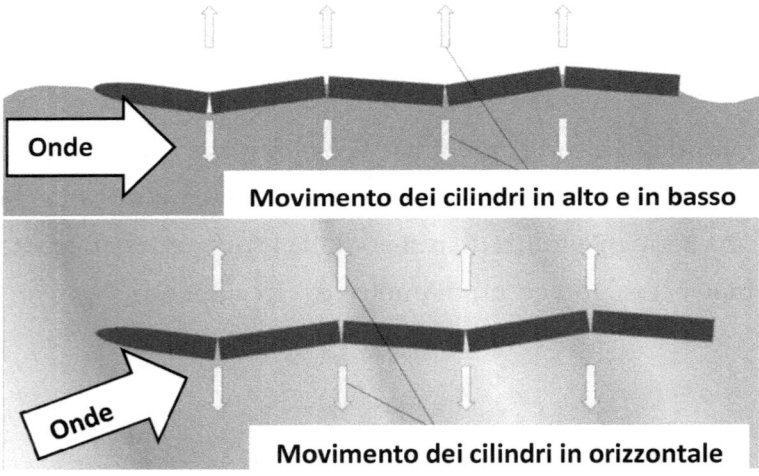

Figura 26: Movimento del Pelamis

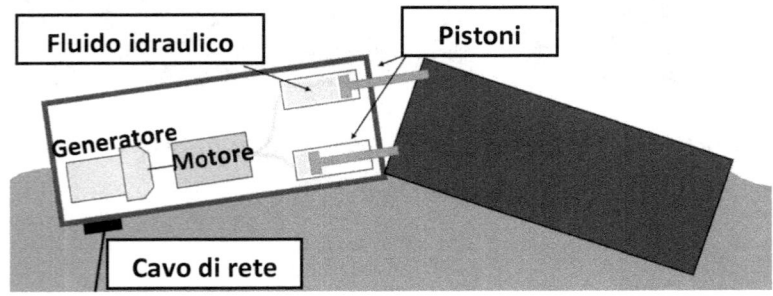

Figura 27: Struttura interna del Pelamis.

Altri dispositivi sono ancorati al fondo marino e sfruttano, sempre grazie a dei galleggianti, il movimento lungo la verticale delle onde, che alza ed abbassa l'acqua generando così un moto che aziona il dispositivo.

Un esempio è un sistema composto da un corpo galleggiante, un tubo d'accelerazione, un pistone e una base pesante per la tenuta nella posizione verticale. Il moto ondoso aziona la macchina, che sfrutta il movimento in su e in giù del corpo galleggiante. La base pesante mantiene il tubo che contiene il pistone in posizione verticale. Il moto relativo del corpo galleggiante rispetto al tubo verticale aziona un meccanismo al suo interno che converte il moto lineare del galleggiante in moto rotatorio. Tale moto aziona dei generatori elettrici che cedono elettricità alla rete di distribuzione attraverso cavi sottomarini.

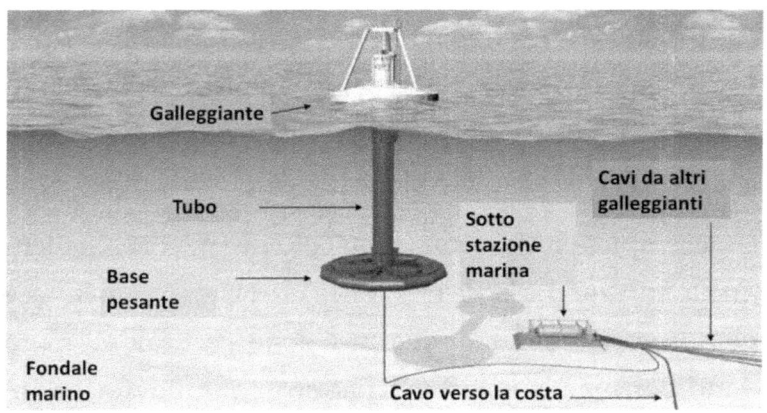

Figura 28: Sistema di produzione di energia a gal-leggiamento (17)

Un altro dispositivo utilizzato per sfruttare l'energia delle onde è il "Tapered Channel" (Canale Conico). Questi impianti sono collocati sulle coste battute da moto ondoso e sono costituiti da un canale che si restringe e si innalza sul livello del mare. Attraverso esso le onde entrano e aumentano la loro altezza man mano che il canale si fa più stretto, fino a che la cresta dell'onda si riversa all'interno di un bacino dal quale poi l'acqua, così accumulata, aziona per caduta delle turbine.

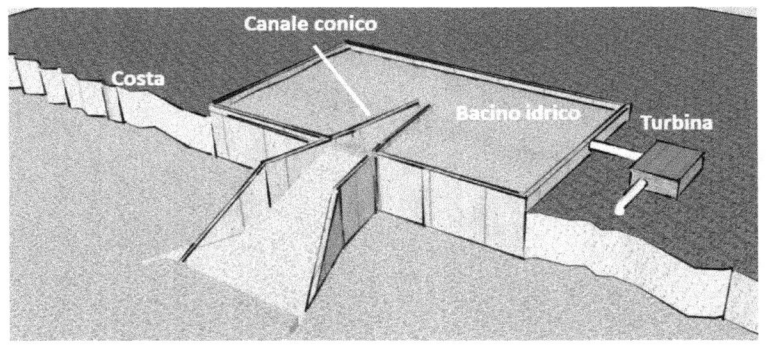

Figura 29: Esempio di tapered channel

4.2.4.3 Energia dalle maree

Le soluzioni tecnologiche per lo sfruttamento delle maree utilizzano delle aree di grandi dimensioni e in cui sia possibile costruire degli sbarramenti che trattengano l'acqua che risale verso la costa durante l'alta marea.

Figura 30: Impianto per produzione di energia dalle maree in Francia

L'acqua trattenuta viene poi rilasciata attraverso delle condotte forzate, così come avviene negli impianti idroelettrici dei fiumi.

In questo modo si sfrutta il dislivello dell'acqua fra alta e bassa marea.

4.2.4.4 Potenza installata a livello globale e nazionale

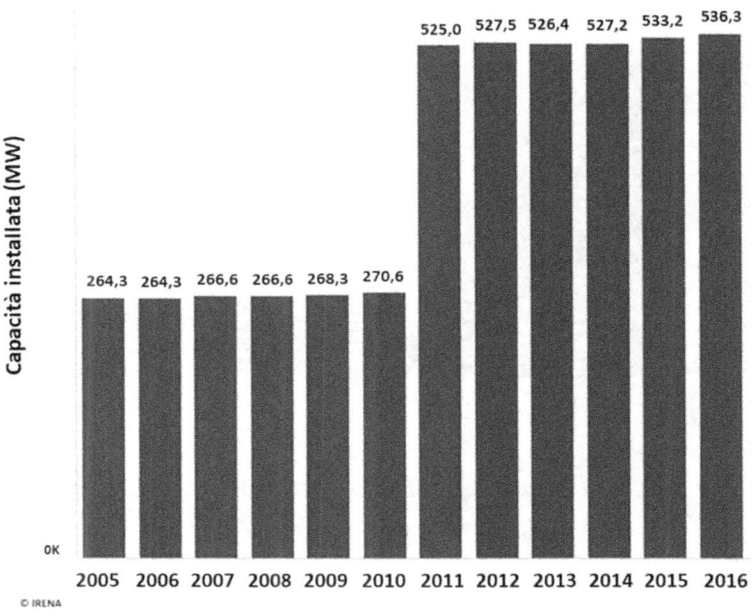

Figura 31: Potenza in MW di impianti marini installata nel mondo dal 2005 al 2016.

Si vede come le potenze installate siano pari a poco più di 500 MW, che è la potenza di una media centrale a carbone o olio combustibile. Ben poca cosa quindi, rapportata alla produzione mondiale.

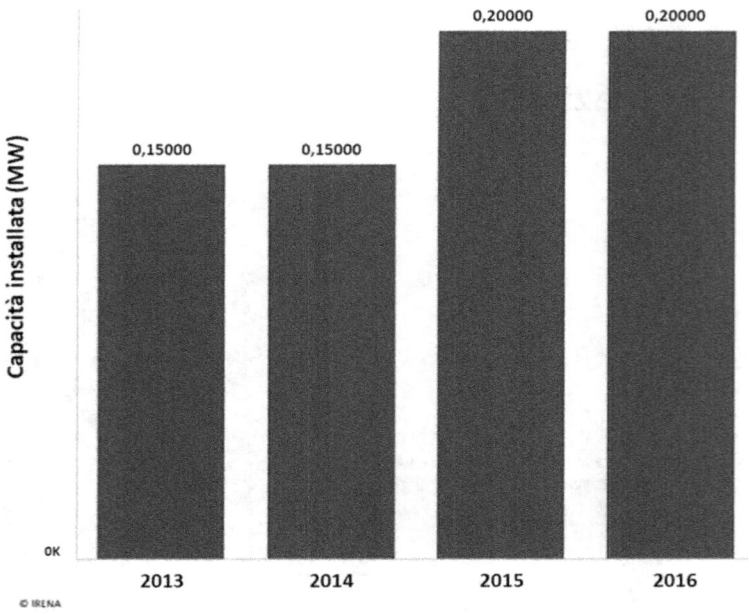

*Figura 32: Potenza in MW di impianti marini instal-
lata in Italia dal 2013 al 2016*

4.2.5 L'energia eolica

Il movimento di masse d'aria all'interno dell'atmosfera è dovuto al riscaldamento della crosta terrestre generato dal sole ed alla disomogeneità di assorbimento del calore da parte della superficie del pianeta.

La diversa esposizione di vaste aree geografiche e le diversità geomorfologiche esistenti, come la presenza di terraferma e di oceani, producono rilevanti differenze di temperatura, con un conseguente sviluppo di zone a pressione più alta o più bassa che generano i venti. Questi ricevono un ulteriore apporto alla loro formazione dalla rotazione della Terra sul suo asse e dalla presenza di fenomeni climatici locali.

L'energia del vento è una fonte rinnovabile che gli uomini hanno imparato ad usare sin da epoche antichissime. Uno dei primi impieghi è stato per la navigazione a vela, i cui inizi risalgono almeno a 4.000 anni fa.

Le prime giranti eoliche storicamente documentate vennero realizzate in Mesopotamia, intorno al 1.700 a.C.

Pare sia stato lo stesso re Hammurabi a volere la costruzione di un sistema a mulini che dovevano servire per l'irrigazione.

I primi mulini a vento di cui si ha notizia risalgono al 600 d.C. Vennero costruiti in Afghanistan ed in Persia e servivano per la macinazione dei cereali. Anche in Cina, più o meno nello stesso periodo, si hanno notizie della presenza di macchine che funzionavano con il vento.

Ci volle molto più tempo perché questa tecnologia arrivasse in Europa e l'occasione perché ciò accadesse fu il ritorno dalle crociate dei soldati cristiani, che diffusero nei loro paesi tali conoscenze attorno al 1100-1200 d.C.

Tra il 1600 e il 1700 questa tecnologia conobbe uno sviluppo intenso nei Paesi Bassi. I mulini venivano utilizzati per la macinazione dei cereali, per la produzione di carta, nelle segherie e per il drenaggio di acque, soprattutto in zone costiere che dovevano essere bonificate.

Nel momento di massima diffusione, nel 1850 in Europa funzionavano 50.000 mulini, che diventarono 10.000 alla fine del secolo.

L'inizio dell'era moderna dell'energia eolica inizia nel 1854 negli Stati Uniti.

In quell'anno, Daniel Halladay realizzò una turbina eolica denominata Westernmill. Queste macchine venivano utilizzate in località isolate e servivano principalmente per l'azionamento di pompe idrauliche. Il Westernmill è costituito da una torre di tralicci alla cui sommità è collocata una girante, composta da un elevato numero di pale.

Figura 33: Un mulino Westernmill

Questo tipo di macchina rappresenta il primo impianto eolico moderno, prodotto in serie e funzionante autonomamente senza bisogno di personale.

Il primo impianto eolico per la produzione di elettricità venne realizzato nel 1887 da Charles Brush sempre negli USA.

Il primo impianto eolico europeo venne realizzato nel 1891 da Poul La Cour, insegnante di scienze naturali e inventore danese, in collaborazione con due ingegneri, Vogt e Irminger.

Sempre in Danimarca, negli anni '50, Johannes Juul, allievo di Poul La Cour, realizzò a Vester Egesborgvenne la prima centrale eolica che produceva elettricità con corrente alternata.

È stata la crisi petrolifera degli anni '70 a dare l'impulso decisivo per la diffusione su scala mondiale dell'energia eolica.

Nel 1980 la produzione di macchine di potenza pari a 55 kW incrementò ulteriormente lo sviluppo di questa tecnologia su larga scala, con la creazione di centrali come quella di Palm Springs in California, composta da più di mille aerogeneratori.

In tutti questi dispositivi, l'energia viene trasmessa per contatto fisico a ruote, ingranaggi, superfici che si muovono sfruttando la spinta e l'energia cinetica del vento.

4.2.5.1 Le moderne pale eoliche

La tecnologia dei moderni impianti eolici non è molto diversa dal punto di vista concettuale da quella impiegata nelle macchine del passato.

Le turbine eoliche moderne sono dei mulini che trasformano l'energia meccanica del vento in energia elettrica.

Le turbine eoliche si possono descrivere facendo riferimento ad alcune loro caratteristiche principali.

- Asse di rotazione del corpo rotante: verticale o orizzontale;
- Taglia e potenza nominale.

Le macchine possono essere combinate in impianti composti da una o più turbine, e dislocate sulla terraferma e, nei casi di grandi centrali con turbine ad elevata potenza, in mare.

4.2.5.1.1 Turbine ad asse verticale

Le turbine ad asse verticale sono in genere di dimensioni e potenza minori rispetto a quelle ad asse orizzontale.

Sono utilizzate con vento instabile e a bassa velocità ma al momento sono meno efficienti delle turbine ad asse orizzontale.

Nelle figure sottostanti, alcuni esempi di asse verticale.

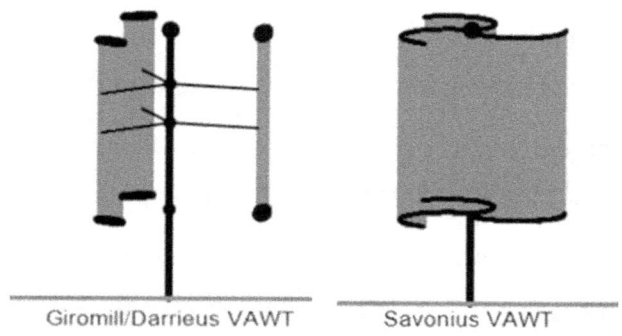

Giromill/Darrieus VAWT   Savonius VAWT

Figura 34: Esempi di turbine ad asse verticale (18)

4.2.5.1.2   Turbine ad asse orizzontale

Le turbine ad asse orizzontale sono più diffuse, hanno una maggiore efficienza e sono utilizzate in grandi impianti che lavorano con condizioni di vento forte. Sono attualmente la tecnologia più diffusa.

Figura 35: Pala eolica ad asse orizzontale (19)

4.2.5.1.3   Taglia e potenza delle turbine

Le turbine eoliche sono classificate in base alla potenza nominale e alle dimensioni dell'impianto:

Taglia	Potenza (kW)	Diametro del rotore (metri)	Altezza della torre (metri)
Piccola	1-200	1-20	10-30
Media	200-800	20-50	30-50
Grande	1.000	55-80	60-120

Figura 36: Dimensioni turbine eoliche

Nel tempo la dimensione delle turbine è cresciuta ed è in continua evoluzione. I grandi impianti sono impiegati in aree con forti venti regolari, come ad esempio nel mare del nord Europa.

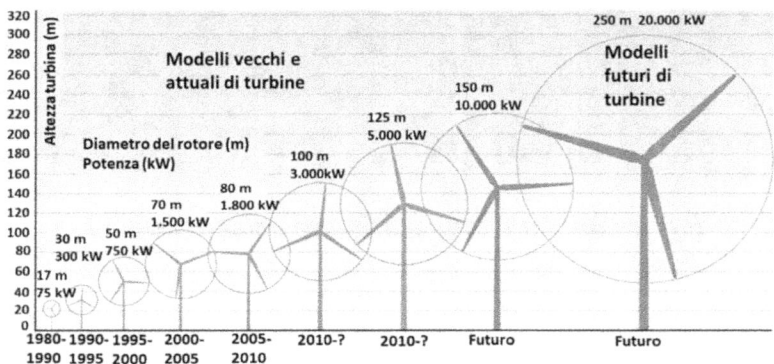

Figura 37: Evoluzione nel tempo della taglia delle turbine ad asse orizzontale (20)

4.2.5.2 Composizione di un generatore eolico

Un generatore eolico è composto da pale girevoli attorno a un albero. Le pale sono fissate sul mozzo e assieme ad esso costituiscono la parte della macchina che si chiama rotore.

Il rotore composto da pale e mozzo è collegato alla navicella, una struttura che ha al suo interno il cuore del funzionamento della pala.

All'interno della navicella, l'albero di trasmissione lento a cui è collegato il rotore è a sua volta collegato ad un moltiplicatore di giri, che aumenta la velocità di rotazione trasmettendola ad un secondo albero, detto albero veloce.

L'albero veloce interagisce con il generatore elettrico.

Il generatore elettrico è una macchina che produce energia elettrica convertendo un'altra forma di energia. Nel nostro caso, trasforma l'energia cinetica dell'albero in energia elettrica.

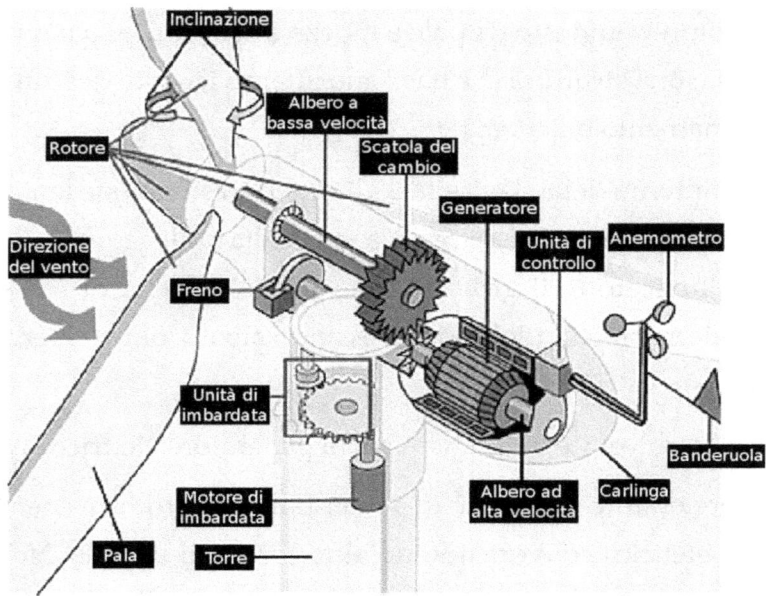

Figura 38: Struttura interna di turbina eolica ad asse orizzontale (21)

Il passaggio da energia meccanica ad energia elettrica avviene sfruttando le leggi e proprietà dei magneti e dei conduttori di corrente descritti dal fenomeno fisico dell'induzione elettromagnetica noto anche come legge di Faraday-Neumann.

Il movimento di un magnete nello spazio genera una corrente elettrica in materiali conduttori ad esso vicini.

Se accoppiamo in un dispositivo magneti e materiale conduttore in moto relativo fra di loro possiamo così ottenere energia elettrica.

Facciamo un esempio che spieghi in maniera il più semplice possibile il principio che consente di generare corrente dalla rotazione meccanica.

Immaginiamo di avere una spira rettangolare di materiale conduttore che ruota all'interno di un campo magnetico, distribuito in modo uniforme nello spazio. La spira ha l'asse di rotazione perpendicolare alle linee di forza del campo magnetico.

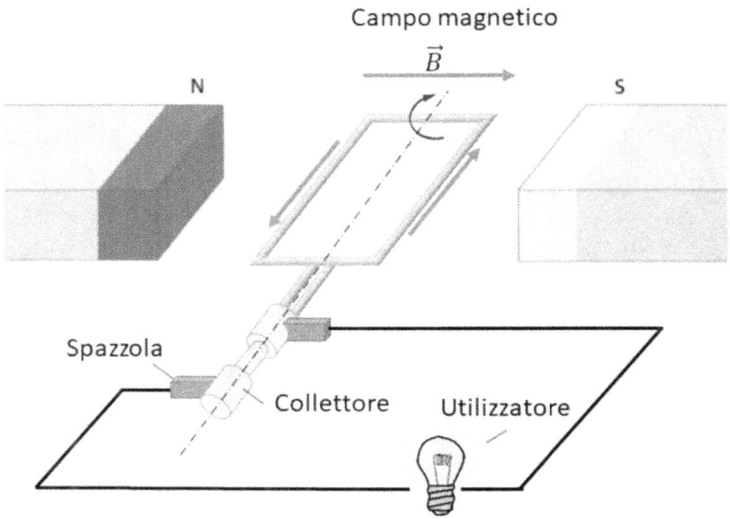

Figura 39: Esempio di induzione elettromagnetica

(22)

Quando la spira ruota, il flusso del campo magnetico ($\vec{B}$) al suo interno varia, un po'come l'acqua in un tubo regolata da una valvola.

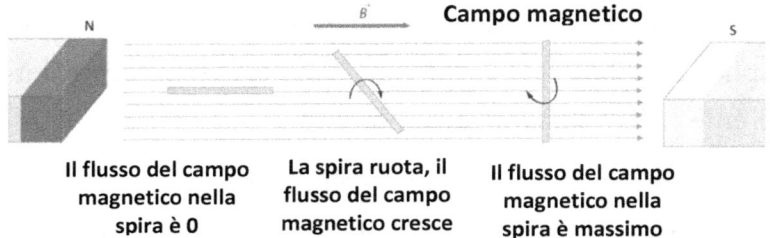

| Il flusso del campo magnetico nella spira è 0 | La spira ruota, il flusso del campo magnetico cresce | Il flusso del campo magnetico nella spira è massimo |

Figura 40: Rotazione della spira e variazione del flusso del campo magnetico

Per la legge dell'induzione elettromagnetica, grazie alla variazione del campo, si genera una corrente all'interno della spira.

I generatori elettrici di grandi impianti di produzione di energia sono più complessi di quanto illustrato nelle figure 39 e 40. Tuttavia il loro funzionamento può essere assimilato all'esempio precedente.

Essi sono costituiti da degli avvolgimenti di filo conduttore (bobine) che vengono fatti ruotare all'interno di un campo magnetico. La bobina che ruota è detta rotore, e il magnete fisso che produce il campo è detto statore.

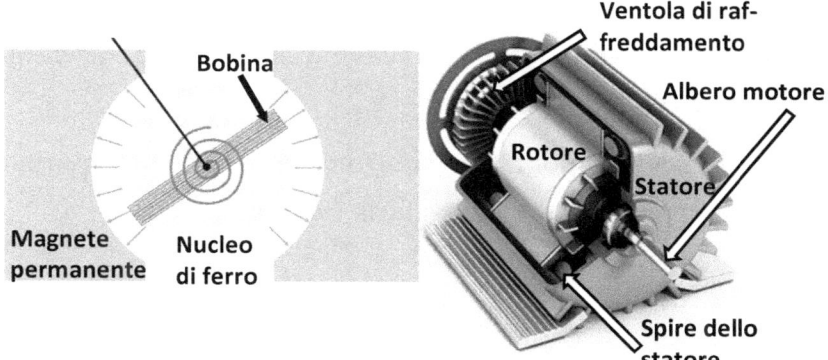

Figura 41: Schema di un motore elettrico

All'interno del generatore elettrico di una turbina eolica, l'energia meccanica di rotazione fornita dal vento mette in movimento relativo fra di loro rotore e statore per la generazione di corrente elettrica che viene poi trasportata alla rete di distribuzione.

Nella navicella ci sono altre componenti che costituiscono la macchina e ne completano le parti funzionanti.

Sono presenti un sistema frenante e un sistema di controllo composto da opportuni sensori, che aiutano a gestire la macchina a seconda delle condizioni di vento presenti.

Esiste un intervallo di funzionamento della macchina, che non si aziona fino a che il vento non ha raggiunto una velocità minima e che si blocca se il vento è troppo forte e rischia di danneggiare la pala.

Pale eoliche più piccole si azionano con quantità di vento minori, e viceversa.

La navicella è montata su una torre in acciaio che la porta ad una altezza adeguata a farla funzionare.

4.2.5.3 Pale eoliche e produzione di energia

Come abbiamo già avuto modo di vedere, le tipologie di pale eoliche presenti sul mercato utilizzano diverse impostazioni meccaniche.

I modelli più diffusi sono quelli ad asse di rotazione orizzontale con due o tre pale rotanti e, a seconda della loro dimensione, producono una determinata quantità di energia.

Ogni modello di pala eolica ha una sua taglia di potenza nominale che esprime la capacità che ha la macchina di produrre e trasferire energia.

La stima della produttività di un impianto eolico non è immediata in quanto dipende da diversi fattori:

la potenza della turbina, la quantità e regolarità del vento, la posizione, le turbolenze e le interferenze che il vento può avere in quella determinata area, la capacità della turbina di trasferire l'energia dal vento alla pala e trasformarla in elettricità.

Le variabili che determinano la produzione di energia di una pala eolica si possono ricondurre a due grandezze più importanti: la potenza nominale della turbina e la potenza del vento.

L'energia posseduta dal vento non può essere tutta intercettata dalla turbina eolica.

Se questo accadesse, vedremmo il vento fermarsi e scendere a velocità zero subito dopo aver attraversato l'area in cui avviene la rotazione delle ali della turbina.

In realtà questo non accade, il che vuol dire che c'è una parte dell'energia del vento che la turbina non riuscirà a catturare. Questo limite fisico è descritto dalla legge di Betz:

"*La massima potenza che si può estrarre, in via teorica, da una corrente d'aria con un aerogeneratore ideale, non può superare il 59% della potenza disponibile del vento incidente*".

La legge di Betz indica la massima efficienza teorica che una turbina eolica può raggiungere nell'estrazione di energia dal vento. Secondo tale legge, una turbina può estrarre massimo il 59,3% dell'energia cinetica contenuta in una massa d'aria.

Questo valore percentuale è definito coefficiente di potenza (C_p).

Il coefficiente di potenza pari a 59% è espresso in condizioni ideali. Nella realtà, tale valore è circa il 50%.

Ogni modello di aerogeneratore ha una sua caratteristica curva di potenza. Tale curva indica il rapporto che c'è fra la velocità del vento e la potenza elettrica istantanea (misurata in quel preciso momento) della turbina.

Nella figura seguente un esempio di tale curva.

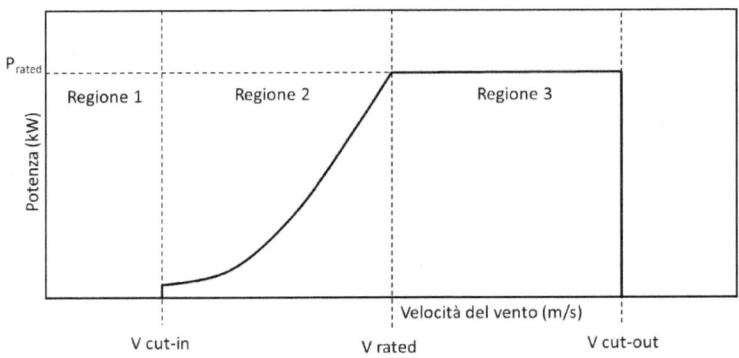

Figura 42: Curva di potenza di una turbina eolica
(23)

Dal grafico si può vedere il comportamento di una turbina eolica all'aumentare del vento. Sull'asse delle x abbiamo la velocità del vento, sull'asse delle y la potenza generata dalla turbina:

106

- Regione 1: La velocità del vento cresce da 0 al valore di cosiddetto "cut-in". In questa fase la turbina resta ferma, fino a che, alla velocità del vento di "cut-in" la pala inizia a ruotare.
- Regione 2: la velocità del vento continua ad aumentare e aumenta in maniera costante anche la potenza generata dalla turbina, sino a raggiungere il valore massimo pari alla potenza nominale della turbina (P rated);
- Regione 3: la velocità del vento continua a crescere, ma la turbina mantiene costante la potenza generata, oltre la quale non può andare a causa delle sue caratteristiche costruttive;
- Regione 4: all'ulteriore aumentare della velocità del vento, questa arriva alla soglia massima detta di "cut-out", oltre la quale interviene un meccanismo di protezione che ferma la turbina, per evitare che l'eccessivo vento e relative intense sollecitazioni meccaniche causino dei danni.

L'energia presente nel vento è direttamente proporzionale ai seguenti fattori:

- La sua velocità (più è veloce e più energia cinetica possiede);

- La densità dell'aria (più è densa, ad esempio alle basse temperature, e tanto maggiore è la capacità di sviluppare potenza);
- L'area spazzata dal vento (e di conseguenza, nel nostro caso, l'area spazzata dalle pale della turbina). Quanto maggiore sarà tale area maggiore sarà la potenza trasmessa dal vento.

Per installare un impianto eolico è fondamentale sapere come si comporta il vento nella zona che si vuole utilizzare.

Per individuare un sito di potenziale interesse si può utilizzare una mappa eolica, che dà una prima indicazione delle aree che possono dare una buona produzione di energia (vedi figura 43). Le mappe riportano il valore della velocità del vento ed una stima di produzione di energia.

Figura 43: Mappa eolica dell'Unione Europea (24)

Un progetto approfondito e definitivo richiede di rilevare in maniera costante le condizioni del vento per un periodo di tempo di almeno un anno. Lo studio del vento è definito come analisi anemometrica e viene effettuato con anemometri installati su supporti a diverse altezze, posti nella stessa zona in cui si vuole installare la turbina.

Conoscere la velocità media del vento non è sufficiente per avere una adeguata stima della producibilità di una turbina.

A tale scopo occorre conoscere le diverse velocità del vento presenti in un sito e la loro frequenza nel tempo, cioè per quanto tempo quella velocità si manifesta o, in altre parole, la loro frequenza in percentuale.

La frequenza in percentuale delle velocità del vento nel periodo di tempo considerato si può illustrare con il grafico seguente, chiamato distribuzione di Weibull.

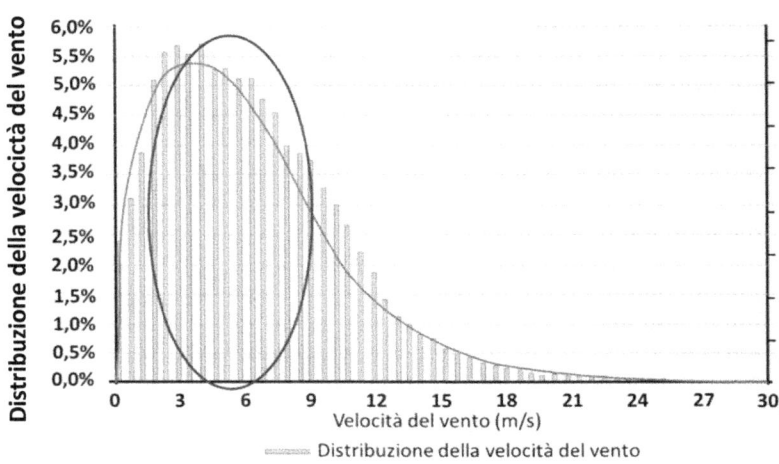

Figura 44: Distribuzione della frequenza della velocità dei venti (25)

Dall'esempio nel grafico, possiamo vedere come le velocità che più spesso ricorrono nel sito considerato sono
quelle che vanno dai due ai sette metri al secondo.

Si incrociano i dati della curva di distribuzione del vento
e la curva di potenza della turbina (figura 45) per avere
una stima di quanta energia sarà prodotta.

Per ogni intervallo di tempo in cui è presente quella determinata velocità di vento, si calcola la corrispondente
potenza generata dall'impianto.

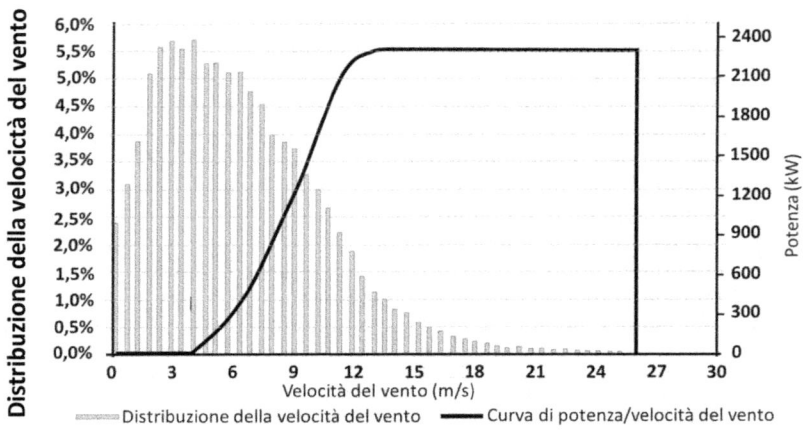

Figura 45: Comparazione fra velocità del vento e potenza generata dalla turbina eolica (26)

Facciamo un breve esempio: ipotizziamo di avere una turbina eolica della potenza nominale di 100 kW.

Immaginiamo di averla installata in un luogo in cui, per tutto l'anno, ventiquattro ore al giorno, soffi costante il vento che permette di far funzionare la turbina alla sua massima potenzialità.

Potremo calcolare l'energia prodotta dalla turbina come uguale a:

100kW*8.760 (ore in un anno) = 876.000 kWh

Questa sarebbe l'energia prodotta in un caso ideale.

In realtà abbiamo visto che non è così. Spesso il vento non ha la velocità che consente di fare funzionare la turbina al suo massimo potenziale e quindi si calcola come in figura 45 l'energia prodotta per ogni fascia di velocità del vento e relativo periodo di funzionamento.

Ad esempio:

supponiamo che nel sito che abbiamo scelto per l'installazione, il vento soffi a 10 Km/h per 50 ore all'anno. Se a 10 Km/h la nostra turbina raggiunge una potenza di 20 kW, allora l'energia prodotta sarà pari a:

$$20kW*50h=1.000kW/h.$$

Facendo lo stesso calcolo per tutti gli intervalli di velocità del vento, avremo alla fine la produzione annua di energia della turbina eolica.

In un sito con determinate condizioni di vento il rapporto tra l'energia annua prodotta (in kWh) e la potenza nominale della pala eolica (kW) rappresenta il numero equivalente di ore/anno di produzione avuta alla potenza nominale ed indica quindi l'energia prodotta dall'impianto. Questo valore si chiama anche fattore di capacità (o capacity factor in inglese).

In altre parole, si può immaginare che la turbina funzioni un numero di ore fittizie (h_{eq}, ore equivalenti), alla sua massima potenza e che sia ferma per tutto il resto del tempo.

L'energia prodotta in linea teorica alla massima potenza nelle ore fittizie, è la stessa che la turbina produce in condizioni reali durante tutto l'anno.

Può accadere che una turbina di potenza nominale superiore ad un'altra abbia un numero inferiore di ore anno equivalenti, proprio perché possono essere diverse le condizioni ambientali e di vento.

La producibilità annua media di un impianto è dell'ordine di 1500-2500 MWh/MW, quella di un impianto offshore, cioè situato in mare, è dell'ordine di 3000-3500 MWh/MW.

In Italia in media ci si attesta su un valore di circa 1.400 ore equivalenti. Cioè ogni kW installato produce 1.400 kWh all'anno. (27)

4.2.5.4 Potenza installata a livello globale e nazionale

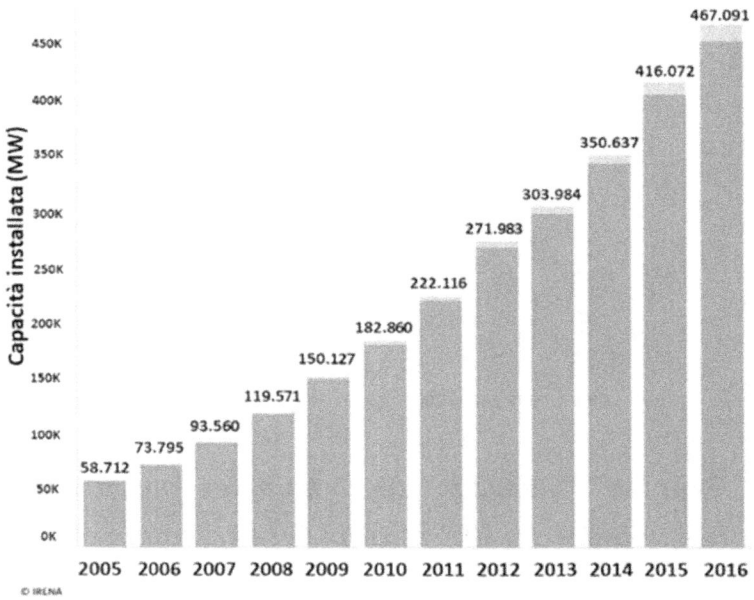

Figura 46: Potenza in MW di impianti eolici instal-lata nel mondo dal 2005 al 2016. La banda chiara in alto rappresenta gli impianti in mare aperto, la banda più scura indica gli impianti sulla terraferma.

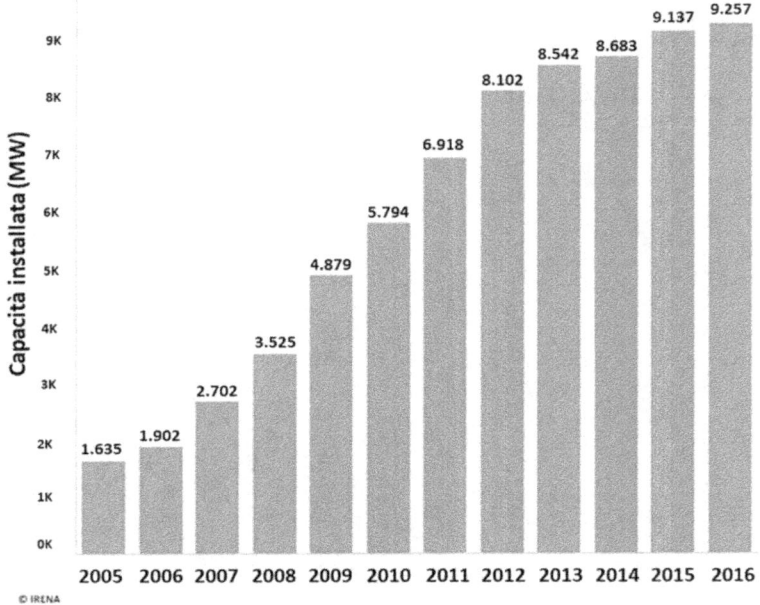

*Figura 47: Potenza in MW di impianti eolici instal-
lata in Italia dal 2005 al 2016. Gli impianti in mare
aperto non sono rilevanti.*

L'incremento a livello mondiale della potenza installata
è costante. Nel nostro paese la potenza tende ad aumentare, ma negli ultimi anni il tasso di crescita non è para-
gonabile a quello globale.

4.2.6 Energia solare

L'energia prodotta grazie al sole viene dalla sua radiazione elettromagnetica incidente sulla superficie terrestre. Esistono diversi modi di utilizzare questa energia, riconducibili sostanzialmente a due tecnologie:

- Solare termico;
- Solare fotovoltaico.

4.2.6.1 Solare termico

Col solare termico si utilizzano pannelli di materiale conduttore che trasmettono il calore ricevuto dal sole a un fluido (aria o di solito acqua) che viene poi convogliato all'impianto di utilizzo.

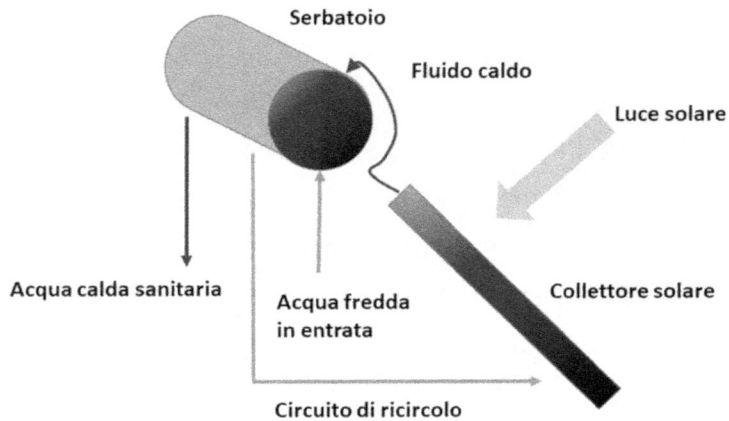

Figura 48: Schema semplificato di impianto solare termico domestico

Questo tipo di impianto è di solito domestico, utile per scaldare acqua o ambienti abitati.

Nella produzione solare-termica a concentrazione il calore è convogliato su un collettore che può essere una torre posta al centro di un campo di specchi solari oppure dei condotti che corrono paralleli alla superficie ricoperta dagli specchi stessi.

All'interno dei condotti, un fluido viene portato allo stato gassoso grazie al calore trasmesso e in seguito agisce su una turbina a vapore per produrre energia elettrica.

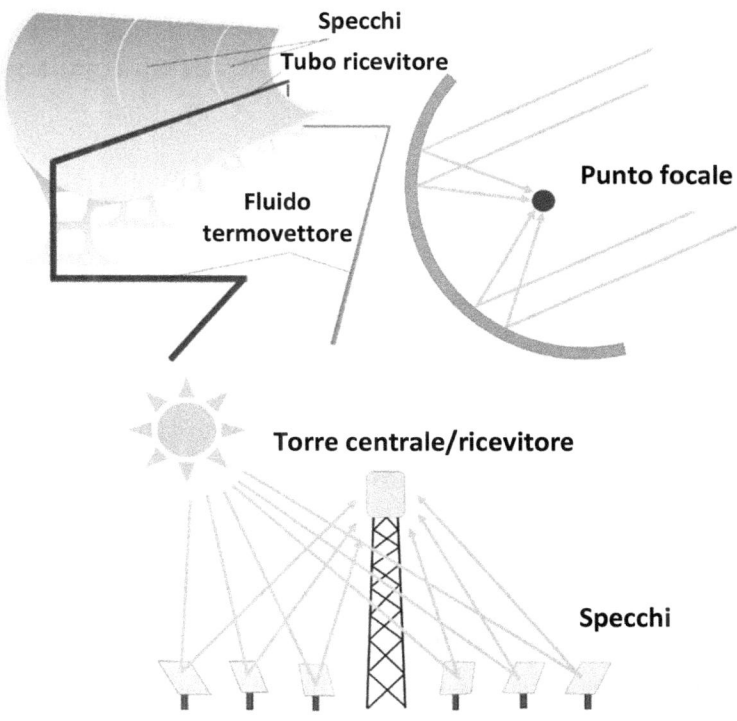

Figura 49. Esempi di impianti a concentrazione solare

4.2.6.2 Solare fotovoltaico

Se con il solare termico si produce calore, con il solare fotovoltaico si produce energia elettrica.

L'effetto fotovoltaico genera energia elettrica direttamente dalla radiazione solare. In altre parole, l'energia prodotta con la tecnologia fotovoltaica trasforma la radiazione solare in energia elettrica.

La storia della tecnologia fotovoltaica ha inizio nel 1839, quando il fisico francese Alexandre-Edmond Becquerel stava lavorando con elettrodi metallici in una soluzione elettrolita e notò che piccole correnti elettriche si producevano quando i metalli venivano esposti alla luce.

Nel 1873 l'ingegnere inglese Willoughby Smith scoprì la fotoconduttività del Selenio mentre testava materiali per cavi sottomarini del telegrafo.

Nel 1883 l'inventore americano Charles Fritts creò la prima cella solare in Selenio. La sua efficienza era inferiore all'1%, di conseguenza tale tecnologia non si diffuse molto visti gli scarsi utilizzi che se ne potevano fare (di tutta l'energia che colpiva la cella solare, meno dell'1% veniva trasformato in energia elettrica).

Un ulteriore passo in avanti venne fatto nel 1940 da Russell Shoemaker Ohl, ricercatore ai laboratori Bell.

Ohl notò che in un campione di silicio che stava esaminando c'era della corrente elettrica che scorreva attraverso di esso quando veniva esposto alla luce.

Nel mezzo del materiale c'era una frattura che si era probabilmente formata durante la produzione del campione. Tale spaccatura delineava i confini tra aree del campione che contenevano differenti livelli di impurità. In questo modo, un lato della fenditura era drogato con cariche positive e l'altro lato con cariche negative. Si era così creata in maniera casuale una giunzione p-n.

L' eccesso di cariche positive su un lato della crepa e di cariche negative sull'altro, generava un campo elettrico. Quando il campione veniva collegato ad un circuito elettrico ed illuminato, un fotone di luce poteva colpire un elettrone sulla superficie del silicio e avviare un flusso di corrente grazie al campo elettrico presente. Ohl brevettò la sua cella solare che aveva un'efficienza di circa l'1%.

Nel 1953 i tre ricercatori dei laboratori Bell, Daryl Chapin, ingegnere, Calvin Fuller, chimico e Gerald Pearson, fisico, crearono la prima cella solare in silicio funzionante. I laboratori Bell annunciarono la loro invenzione nel 1954 e i tre scienziati dimostrarono il funzionamento del generatore azionando una piccola ruota panoramica giocattolo e un trasmettitore radio. La cella solare aveva un'efficienza di circa il 6%.

Nel giro di pochi anni le celle solari iniziarono ad essere utilizzate in diverse applicazioni, fra cui l'impiego su satelliti per l'esplorazione spaziale. Il primo satellite ad essere alimentato ad energia solare fu il Vanguard 1, ufficialmente il quarto satellite lanciato in orbita nella storia, nel 1958. Oggi la tecnologia solare montata sui satelliti spaziali utilizza celle ad efficienza molto elevata, che può superare il 40%. Questo tipo di celle sono però troppo costose per essere utilizzate su larga scala.

4.2.6.2.1   Il pannello fotovoltaico

Vediamo più in dettaglio come è fatto un sistema che trasforma l'energia solare in energia elettrica.

Come accennato prima, il prodotto industriale più diffuso che sfrutta l'effetto fotovoltaico per generare energia è il pannello modulare.

Come è fatto?

Le principali tipologie di pannelli fotovoltaici presenti al momento sul mercato sono:

- Pannelli in silicio amorfo;
- Pannelli CdTe o CIGS;
- Pannelli in silicio cristallino.

Queste denominazioni si riferiscono alla struttura molecolare degli strati di silicio che compongono il pannello.

Il silicio con struttura molecolare amorfa è composto da un insieme di atomi collegati tra loro nello spazio in un reticolo che non è ordinato e non ha una forma regolare.

Il silicio con struttura cristallina ha una disposizione regolare dei suoi atomi, disposti secondo un reticolo in tre dimensioni.

Nella immagine successiva vediamo la differenza fra la struttura cristallina del silicio e quella amorfa.

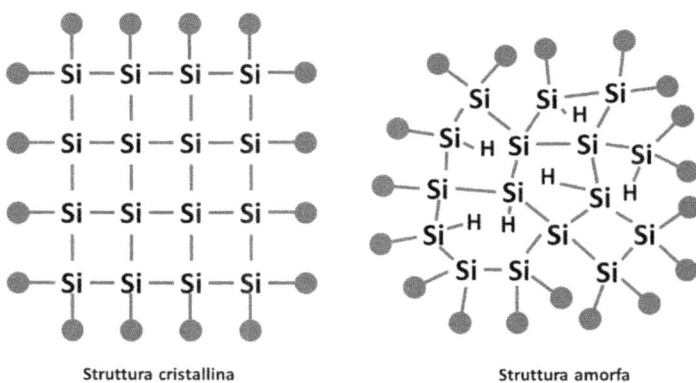

Struttura cristallina   Struttura amorfa

Figura 50: struttura cristallina ed amorfa del silicio
(28)

4.2.6.2.2   L'effetto fotovoltaico

Il silicio è l'elemento più diffuso sulla crosta terrestre. Quello utilizzato nei pannelli fotovoltaici è silicio fotovoltaico "drogato".

Cosa significa?

Guardiamo da vicino come è fatto un reticolo di molecole di silicio. Di solito in natura troviamo il silicio collegato ad atomi di ossigeno, a formare reticoli ordinati come nella figura seguente.

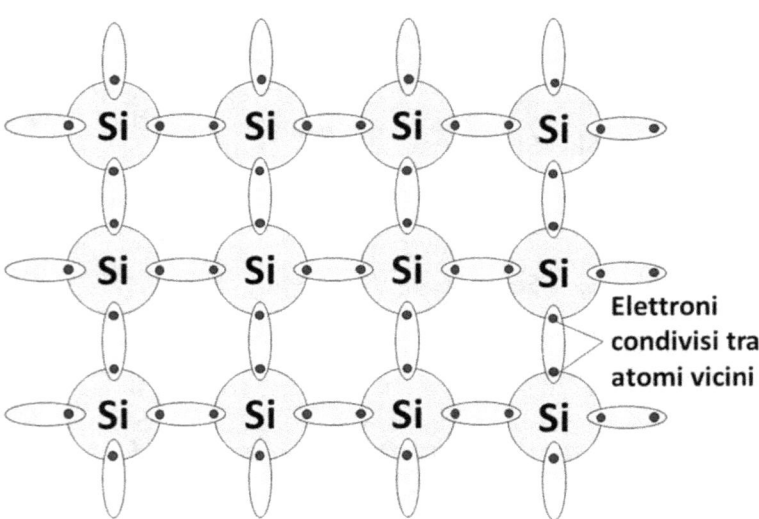

Figura 51: Reticolo cristallino del silicio (29)

Il processo di drogaggio si attua per utilizzare il silicio come materiale conduttore.

Il drogaggio consiste nell'aggiunta di atomi di un elemento diverso all'interno del reticolo molecolare del semiconduttore puro, (nel nostro caso il silicio). In questo modo si cambiano le proprietà elettroniche del silicio e se ne aumenta la capacità di condurre elettricità.

Nel reticolo ordinato degli atomi di Silicio disposti come in figura, viene inserito un atomo di fosforo (P) al posto di un atomo di Silicio (Si).

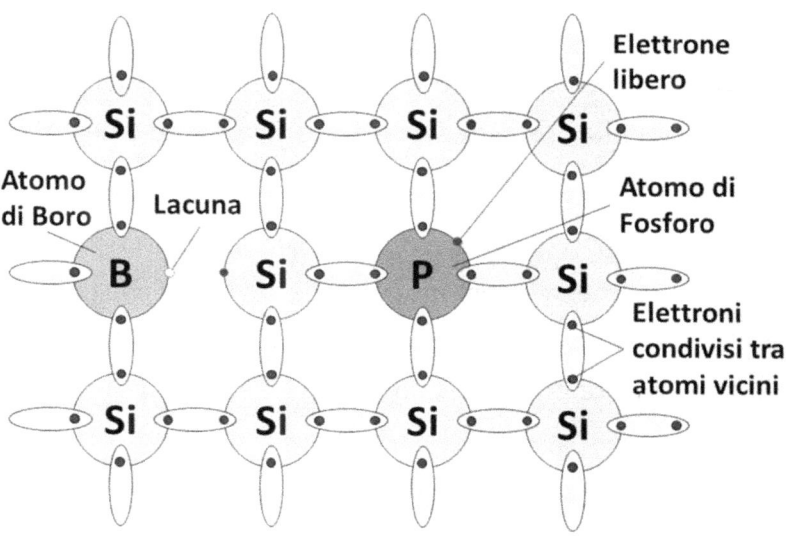

Figura 52: Reticolo cristallino di silicio con drogaggio (29)

L'atomo di fosforo ha un elettrone in più rispetto al silicio, che viene quindi liberato nel cristallo di silicio.

Inserendo un certo numero di atomi di fosforo si colloca una quantità di cariche negative all'interno del cristallo, che sarà quindi drogato negativamente. Esso avrà una carica, nel complesso, negativa.

La stessa cosa si fa per drogare il cristallo di silicio positivamente. Al posto dell'atomo di fosforo si introduce un atomo di boro (B), che ha un elettrone in meno dell'atomo di silicio (lacuna).

Il cristallo drogato avrà nel complesso una carica positiva.

Quando si crea una giunzione p-n, si mettono a contatto due cristalli di silicio drogati positivamente e negativamente.

Nel punto di contatto fra i due cristalli, detto anche zona di giunzione, si creerà una prevalenza di cariche positive da una parte e negative dall'altra, a causa della loro reciproca attrazione che fa migrare gli elettroni da n verso p.

Questa disposizione delle cariche genera un campo elettrico lungo la superficie di giunzione.

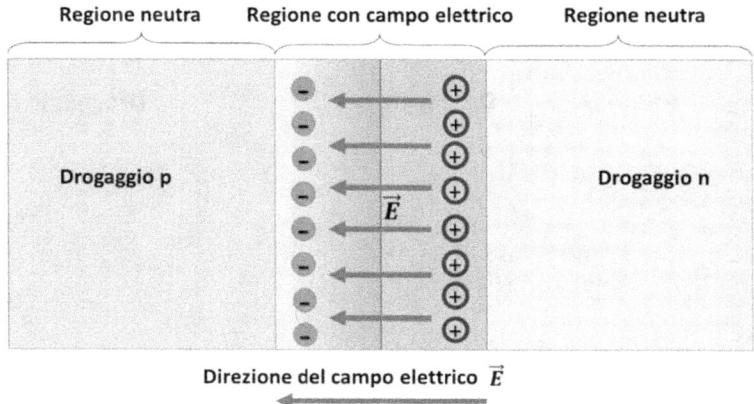

Figura 53. Giunzione p-n

Le celle fotovoltaiche sono composte da due sottilissimi strati di silicio drogato p ed n sovrapposti a formare la giunzione.

Grazie allo spessore di pochi decimi di millimetro degli strati di silicio, le regioni neutre della giunzione p-n sono ridotte e a stretto contatto con la zona sotto l'influenza del campo elettrico.

Quando i raggi del sole raggiungono la cella fotovoltaica, la loro energia colpisce il reticolo del silicio e libera gli elettroni più esterni degli atomi, che hanno un legame debole con il loro nucleo. Si formano così nuove coppie di cariche libere, positive e negative.

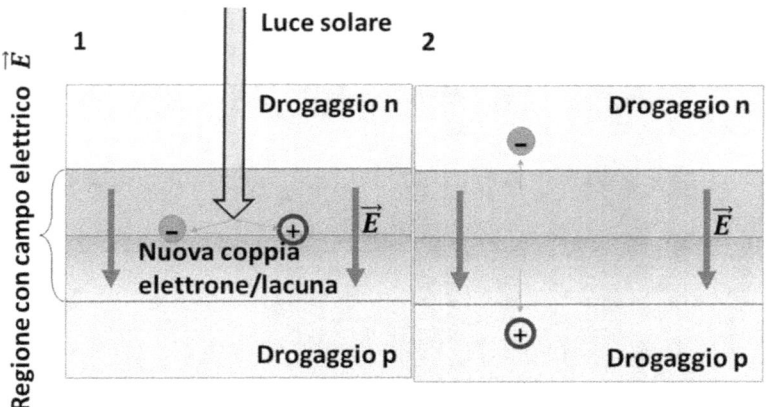

Figura 54 (1): La luce colpisce la cella fotovoltaica. La sua energia libera gli elettroni più esterni degli atomi che compongono le molecole della cella. Si formano così nuove cariche negative che si spostano e lasciano libere lacune positive. (2): Il campo elettrico $\vec{E}$ spinge le cariche negative verso l'alto nella zona n, quelle positive verso il basso nella zona p

Il campo elettrico della giunzione agisce secondo il suo verso sulle nuove cariche create dal sole e spinge nella zona a drogaggio n le cariche negative e nella zona a drogaggio p quelle positive. Si genera in questo modo un eccesso di cariche negative e positive nei due strati di silicio della giunzione che porta a una differenza di potenziale. Se si collegano con un conduttore i due strati p ed n, gli elettroni inizieranno a viaggiare nel conduttore per compensare la differenza di concentrazione di carica e si genererà corrente elettrica.

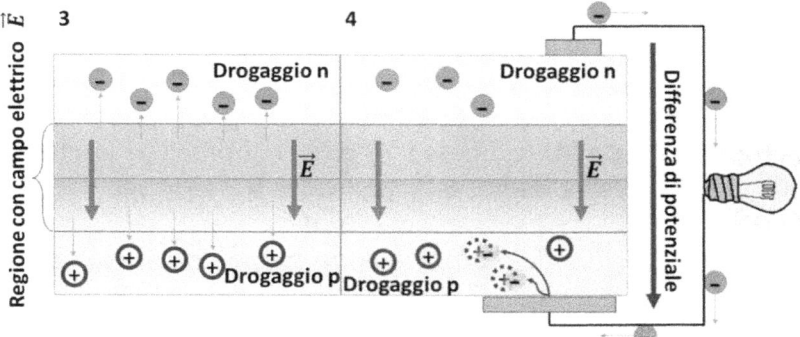

Figura 55: (3): Il campo elettrico separa le nuove cariche che si formano con l'azione della luce solare. La zona n si sovraccarica di cariche negative. La zona p si sovraccarica di cariche positive. Si crea così una differenza di potenziale che tende a spostare le cariche da n a p. (4): Si collegano gli strati n e p con un conduttore. Grazie alla differenza di potenziale le cariche negative si iniziano a spostare lungo esso per raggiungere la zona p e annullare le cariche positive. Si genera corrente elettrica.

4.2.6.2.3   Pannelli in silicio amorfo

I pannelli in silicio amorfo sono denominati anche a film sottile, in riferimento al modo in cui vengono realizzati.

Su una superficie di supporto, che può essere plastica o vetrosa, viene depositato un sottile strato di millesimi di millimetro di silicio drogato amorfo. Si creano così degli strati di silicio polarizzati che costituiscono la giunzione p-n.

Questo tipo di processo è più economico rispetto a quello di produzione di wafer in silicio cristallino.

I pannelli in silicio amorfo sono meno costosi dei pannelli in silicio cristallino ma hanno una efficienza minore. Riescono d'altra parte a catturare meglio la luce diffusa e lavorano meglio alle alte temperature.

Gli strati di silicio amorfo si prestano ad essere depositati anche su superfici flessibili. Si riescono a produrre pannelli fotovoltaici che si possono adattare alla forma della superficie su cui vengono installati e possono essere più versatili in determinate applicazioni.

La loro minore efficienza fa sì che, a parità di potenza, un impianto con pannelli di questo tipo occupi circa il doppio dello spazio occupato da un impianto di pari potenza realizzato con pannelli in silicio cristallino.

Figura 56: Esempio di pannelli a film sottile in silicio amorfo. A sinistra pannello flessibile e adattabile a superfici curve. A destra pannello tradizionale con cornice.

Il calo dei prezzi dei pannelli in silicio cristallino ha reso questo tipo di soluzione meno diffusa.

4.2.6.2.4   Pannelli in CdTe e CIGS.

I pannelli CdTe sono realizzati con tellururo di cadmio, un materiale costituito da Cadmio e Tellurio.

I pannelli CGIS sono realizzati con il materiale conduttore CGIS, composto da rame, indio, gallio e selenio.

Questi pannelli sono anch'essi del tipo a film sottile, in quanto un micro strato di materiale semiconduttore viene posato su una superficie di supporto. Rispetto ai pannelli in silicio amorfo cambiano i materiali che li costituiscono, l'efficienza dei pannelli è più elevata, i costi delle materie prime sono maggiori e inoltre occorre tenere in considerazione i maggiori costi per lo smaltimento, perché alcuni elementi (come il cadmio) potrebbero essere inquinanti se rilasciati nell'ambiente.

4.2.6.2.5   Pannelli in silicio cristallino

I pannelli silicio cristallino sono realizzati affiancando su un supporto piano una serie di celle fotovoltaiche costituite da vere e proprie sottilissime "fette" realizzate tagliando un cristallo di silicio drogato.

Le celle fotovoltaiche in silicio cristallino possono essere di due tipi:

- Silicio monocristallino;
- Silicio policristallino.

La cella in silicio monocristallino viene ricavata da un unico cristallo di silicio.

La cella in silicio policristallino è realizzata da un lingotto di silicio composto da più cristalli messi assieme.

Che sia realizzato con celle poli o mono cristalline, un pannello fotovoltaico è composto da diversi strati di materiali, tenuti insieme e protetti da una cornice metallica.

In figura si può vedere un esempio della disposizione di questi materiali.

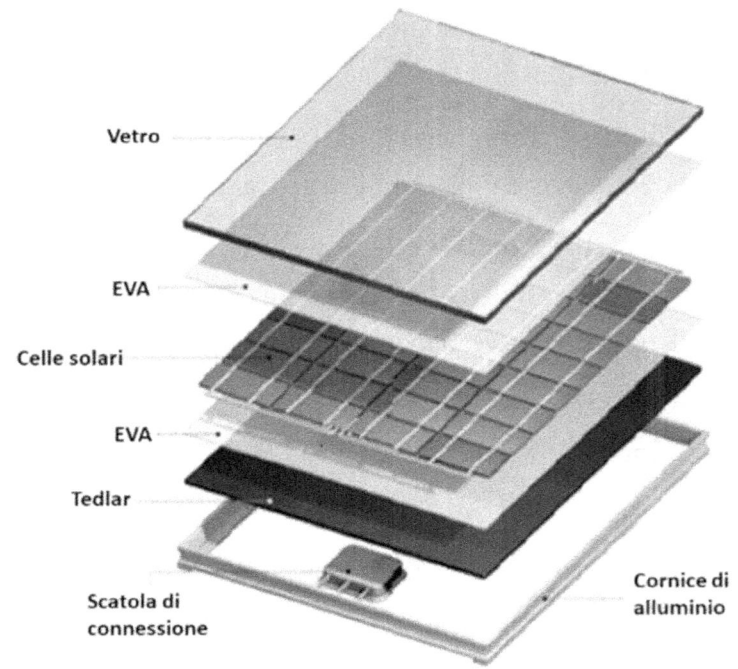

Vetro

EVA

Celle solari

EVA

Tedlar

Scatola di
connessione

Cornice di
alluminio

Figura 57: Composizione di un pannello fotovoltaico
(30)

Dall'alto verso il basso abbiamo:

- Una lastra di vetro;
- Uno strato di EVA (Etilene vinil acetato), materiale trasparente che contiene le celle fotovoltaiche;
- Uno strato di celle fotovoltaiche;

-   Un altro strato di EVA;
-   Uno strato di materiale plastico isolante (tedlar) che fa da base;
-   La scatola di connessione (o junction box), che consente il collegamento elettrico del pannello;
-   La cornice di alluminio che racchiude i vari strati di materiale;

I pannelli oggi sul mercato hanno un rendimento che arriva a superare il 18%. Questo vuol dire che considerata pari a 100 la quantità di energia irradiata sulla superficie del pannello sotto forma di luce solare, viene trasformata in energia elettrica una parte di essa uguale a 18.

La tecnologia che utilizza il silicio cristallino è attualmente la più diffusa e rappresenta una soluzione affidabile. L'efficienza dei pannelli a celle in silicio è migliorata nel tempo grazie ai continui aggiustamenti delle tecniche produttive e alla riduzione dei costi dovuta all'ampliamento del mercato e le economie di scala.

Nella figura seguente si vede come il prezzo degli impianti fotovoltaici sia calato nel corso degli anni in modo collegato al calo del prezzo dei pannelli. Le curve indicano che il calo dei prezzi degli impianti realizzati c'è stato per tutte le taglie di potenza, sia per impianti domestici che per grandi centrali fotovoltaiche.

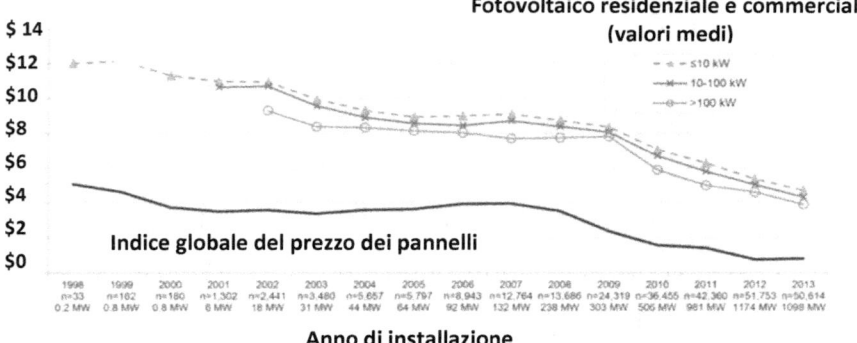

Figura 58: andamento dei prezzi dei pannelli (curva in basso) e degli impianti fotovoltaici (curve in alto) dal 1998 al 2013 in dollari (31)

Nella successiva figura vediamo come la tendenza alla diminuzione dei prezzi dei pannelli fotovoltaici sia presente per tutte le differenti tecnologie con le quali vengono costruiti i pannelli oggi più diffusi.

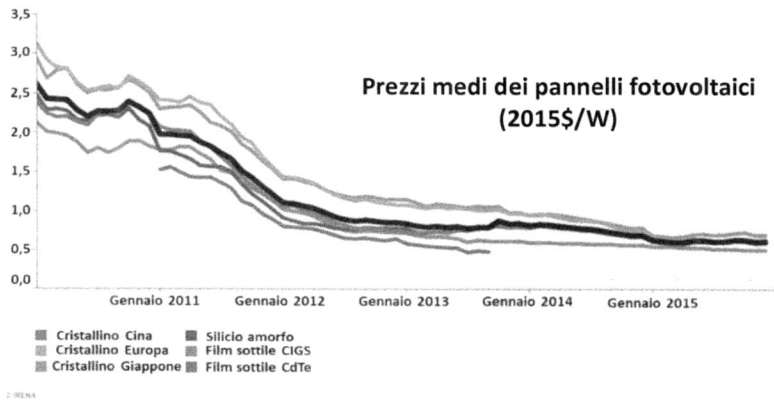

Figura 59: Andamento dei prezzi ($/W) dei pannelli fotovoltaici dal 2010 al 2015 secondo le diverse tecnologie e per alcune aree geografiche (32)

Nel prossimo grafico possiamo vedere l'evoluzione nel tempo dell'efficienza di diverse tipologie di celle solari. In alcuni casi l'incremento è stato maggiore che in altri. Le celle in silicio poli e monocristallino hanno un miglioramento meno sensibile rispetto ad altre tecnologie. Tuttavia questa rimane la tecnologia più diffusa, grazie al suo buon rapporto fra prezzo ed efficienza.

In questi ultimi anni i costruttori hanno agito sia sull'efficienza delle celle che dei pannelli e grazie al miglioramento dei materiali e del loro assemblaggio hanno migliorato nel complesso l'efficienza di questi dispositivi.

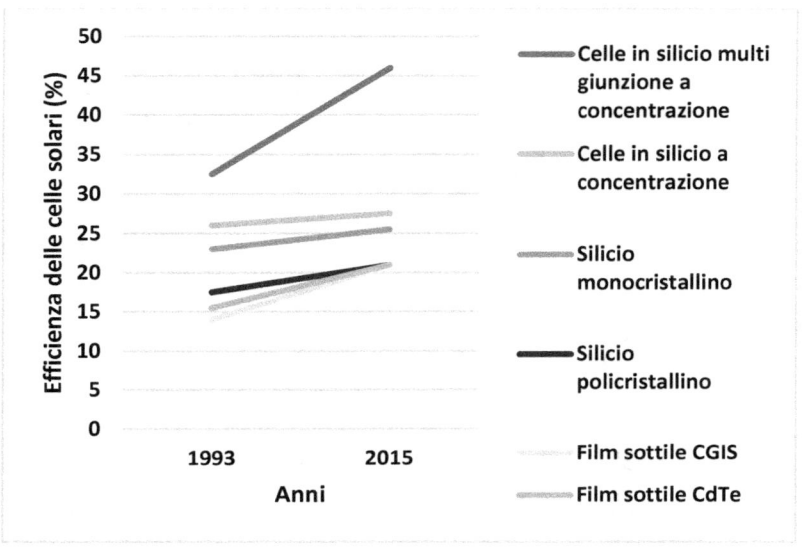

Figura 60: Evoluzione dell'efficienza delle celle solari nel tempo (dati di laboratorio) (33)

4.2.6.2.6   Fotovoltaico ed energia prodotta

Anche per i pannelli fotovoltaici, ci facciamo la stessa domanda che ci siamo fatti per le pale eoliche: quanto producono? Quanta energia riusciamo a utilizzare?

La tecnologia fotovoltaica è legata alla quantità di luce solare che irradia la terra. La radiazione solare cambia in base alla latitudine ed è tanto più intensa quanto più ci si avvicina all'equatore. Più intensa essa sarà, maggiore sarà la producibilità di energia.

Un modo semplice e intuitivo per capire quanto produrrà un impianto fotovoltaico è utilizzare le mappe solari. Esse servono ad individuare qual è l'energia irradiata dal sole per ogni specifica zona geografica e a fare una stima di quanta energia potrà essere ottenuta.

Ogni impianto dovrà rispettare degli accorgimenti di installazione che ottimizzeranno il suo rendimento, ed in particolare:

- Esposizione favorevole e rivolta ai raggi solari (sud se l'impianto è collocato nell'emisfero boreale, nord se è posto nell'emisfero australe);
- Assenza di ombre che potrebbero coprire i pannelli durante la giornata.

Nella figura seguente è possibile vedere la mappa della radiazione solare dell'Italia con la relativa quantità di energia che un kW di impianto fotovoltaico può produrre.

Figura 61: Mappa dell'irradiazione solare e del potenziale elettrico fotovoltaico

La scala graduata nella legenda in basso della figura indica sia la quantità di radiazione che colpisce una determinata area geografica sia la conseguente quantità di energia che un impianto tradizionale in silicio cristallino riesce a generare se collocato in quella area nelle condizioni standard di installazione e funzionamento.

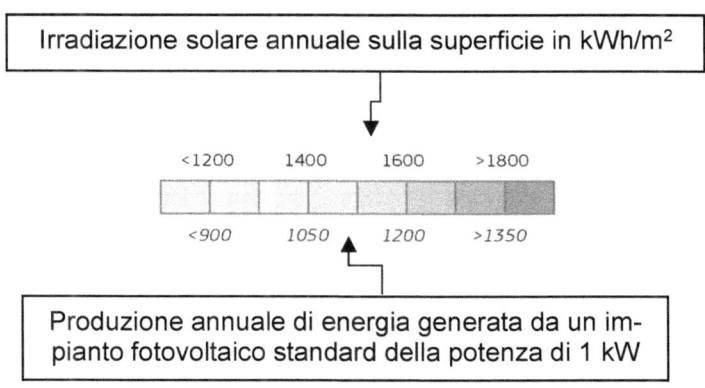

La potenzialità maggiore per la produzione di energia è nel sud Italia.

Tuttavia anche nel nord si ottengono dei buoni risultati. In Italia, un impianto della potenza nominale di 1 kW, ben orientato verso sud, produce una quantità di energia variabile tra i 1.200 kWh/anno ottenibili a nord e i 1.600 kWh/anno ottenibili a sud.

Tabella 5: Esempio di copertura da parte di un impianto fotovoltaico del fabbisogno di energia annuo di una famiglia

A	B	C
Consumo medio annuale di una famiglia italiana di 3/4 componenti (fonte Autorità Energia)	Produzione di energia annua di 1 kW di fotovoltaico (Nord Italia)	Potenza dell'impianto totale richiesta per coprire i consumi della famiglia =A/B=2.700kWh/1.200kWh
2.700 kWh	1.200 kWh	2,25 kW

Come riportato nella tabella, un impianto domestico con una potenza nominale di 2,5 kW può produrre in un anno l'intero fabbisogno di energia necessario per una famiglia media.

Un pannello standard ha dimensioni di circa 1,6x1x0,035 metri ed una potenza nominale di circa 280 W.

Abbiamo:

Potenza nominale impianto per soddisfare fabbisogno famiglia $= 2,25kW = 2.250W$

$$N° \ pannelli \ per \ realizzare \ l' \ impianto =$$

$$= \frac{Potenza \ nominale \ impianto}{potenza \ singolo \ pannello} = \frac{2.250W}{280W} = 8 \ pannelli$$

$$Area \ di \ un \ pannello \ fotovoltaico = 1,6 \ m^2$$

Bastano otto pannelli fotovoltaici che hanno un'area complessiva di circa 12,5 metri quadri per soddisfare il fabbisogno energetico.

Se l'impianto viene installato su una superficie piana in file parallele, occorre sempre prevedere una certa distanza fra queste, in modo da evitare che la fila anteriore ombreggi quella posteriore. In questo caso occorre impiegare una superficie circa doppia rispetto a quella occupata dall'area dei pannelli.

La produzione di energia solare e l'effettivo consumo di energia degli utenti spesso non avvengono nello stesso momento. Basti pensare ad esempio al fatto che di notte è concentrata una buona parte dei consumi di energia di una famiglia ma, proprio in quella parte della giornata, l'impianto fotovoltaico non può produrre energia per ovvi motivi, in quanto non c'è il sole.

L'incostanza e la variabilità nel tempo sono caratteristiche comuni alla gran parte delle energie rinnovabili e uno degli ostacoli rimasti alla loro diffusione che comunque è in continua ascesa in questo periodo storico.

4.2.6.3 Potenza installata a livello globale e nazionale

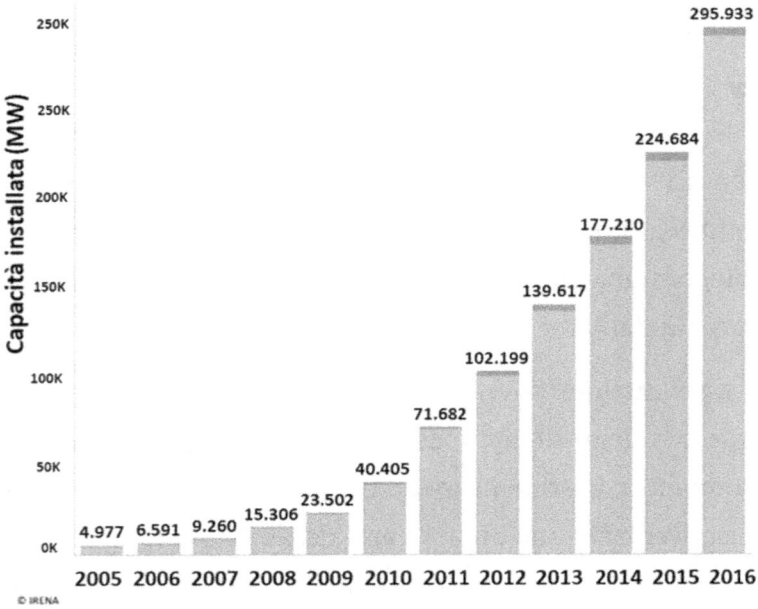

Figura 62: Potenza in MW di impianti fotovoltaici installata nel mondo dal 2005 al 2016. La banda scura in alto rappresenta gli impianti a concentrazione.

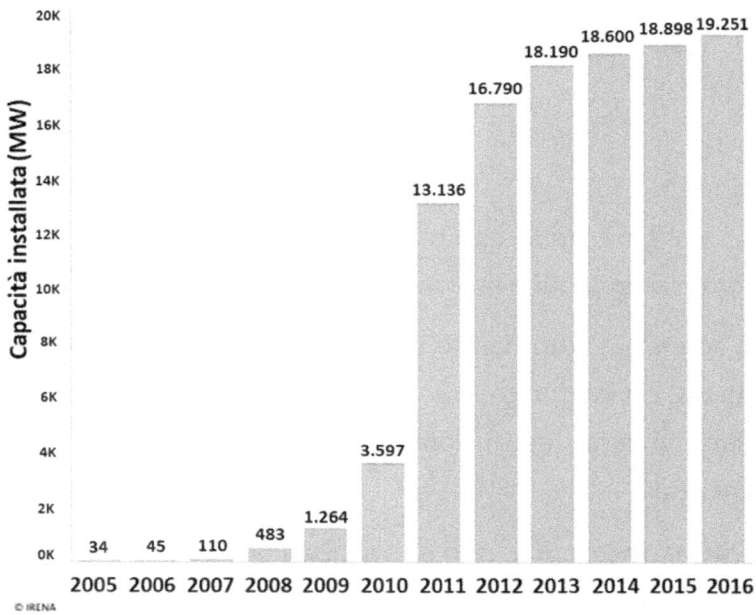

*Figura 63: Potenza in MW di impianti fotovoltaici
installata in Italia dal 2005 al 2016. La banda scura
in alto (molto sottile) rappresenta gli impianti a
concentrazione.*

5 Il futuro: le batterie?

Una delle caratteristiche più controverse delle fonti rinnovabili è la loro variabilità nel tempo.

Il sole e il vento hanno per loro natura cicli di cambiamento sia sul lungo che sul breve periodo, che condizionano la resa degli impianti che sfruttano tali forme di energia.

Questa incostanza non si concilia con la necessità della nostra società di avere energia sempre disponibile e pronta all'uso.

Esistono momenti dell'anno in cui un impianto ad energia rinnovabile produce meno energia di quello che è il fabbisogno richiesto dalla sua utenza, così come ci sono momenti in cui la quantità di energia prodotta è in eccesso rispetto alla domanda.

Se l'impianto è collegato alla rete elettrica di distribuzione, questa può compensare questi salti di produzione.

Quando la produzione è insufficiente, l'utente che utilizza un impianto a fonte rinnovabile prenderà l'energia mancante dalla rete. Se la produzione dell'impianto a fonte rinnovabile è in eccesso, l'energia in più verrà ceduta alla rete e sarà accumulata o utilizzata da altre utenze.

L'aumento di impianti da fonte rinnovabile e la volontà di sostituire le fonti fossili, crea la necessità di studiare dei sistemi di accumulo di energia che siano efficienti, versatili ed economici.

Il sistema che si sta diffondendo sempre più e sul quale si investe oggi è quello che prevede l'impiego di batterie.

5.1 Come è fatto e come funziona un impianto con batterie

Partiamo da un semplice esempio di un impianto fotovoltaico di piccola taglia, senza batterie e connesso alla rete elettrica.

Come è fatto?

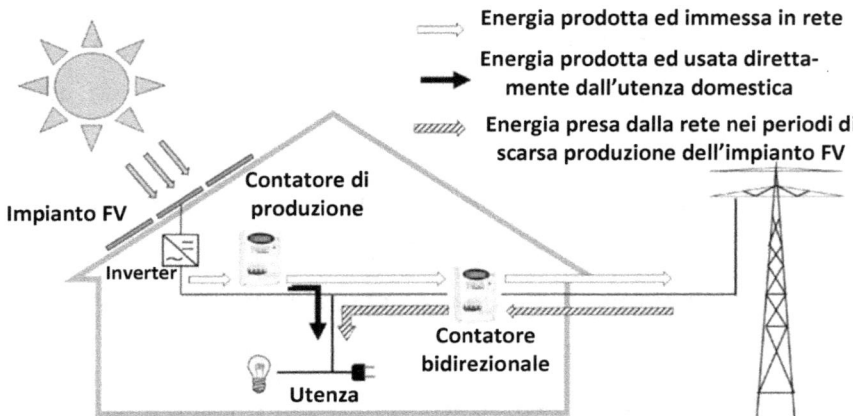

Figura 64: Schema di funzionamento di un impianto fotovoltaico

L'energia prodotta dai pannelli fotovoltaici, viene trasmessa sotto forma di corrente continua al dispositivo chiamato inverter, che trasforma la corrente da continua in alternata.

La corrente alternata può quindi essere utilizzata dall'utenza.

Se l'impianto produce più energia di quella necessaria in un determinato periodo, la quantità di energia in eccesso sarà trasmessa alla rete grazie alla presenza di un contatore bidirezionale.

Lo stesso contatore consentirà di fare arrivare energia dalla rete esterna quando la produzione da parte dell'impianto fotovoltaico non basterà a coprire la richiesta che arriva dai vari elettrodomestici.

Questo è il funzionamento classico di un impianto a fonte rinnovabile che utilizza la rete elettrica come un serbatoio dal quale attingere o al quale dare l'energia a seconda della necessità del momento.

Cosa accade se aggiungiamo un sistema di batterie al nostro impianto fotovoltaico?

Nel caso in cui aggiungiamo un accumulo a batteria, l'energia in più prodotta non verrà più ceduta alla rete ma immagazzinata nelle batterie e da queste verrà prelevata quando servirà.

Vediamo nella figura successiva uno schema che ci fa capire come è fatto l'impianto:

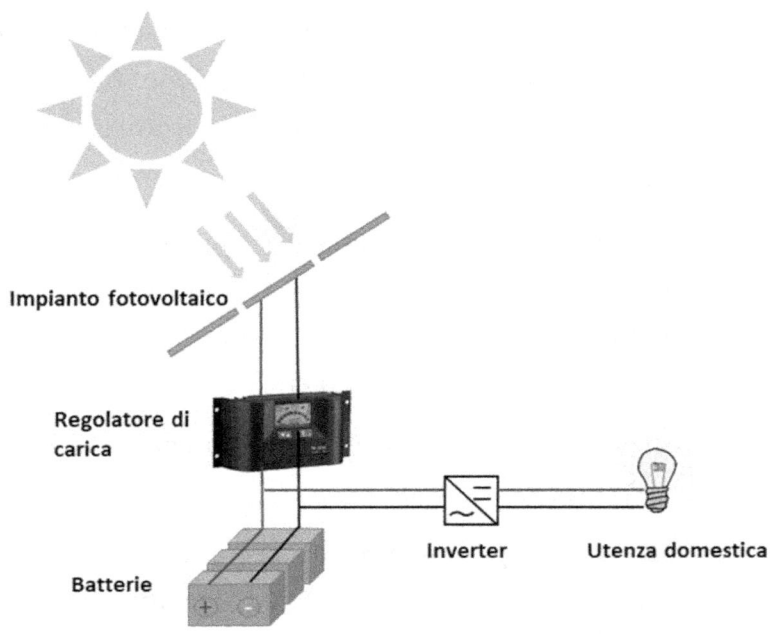

Figura 65: *Schema di impianto con accumulo a bat-*
terie

Il serbatoio di energia non è più la rete ma il sistema di batterie. Rete elettrica e batterie possono anche essere impiegati assieme.

Nella figura successiva ne vediamo una rappresentazione.

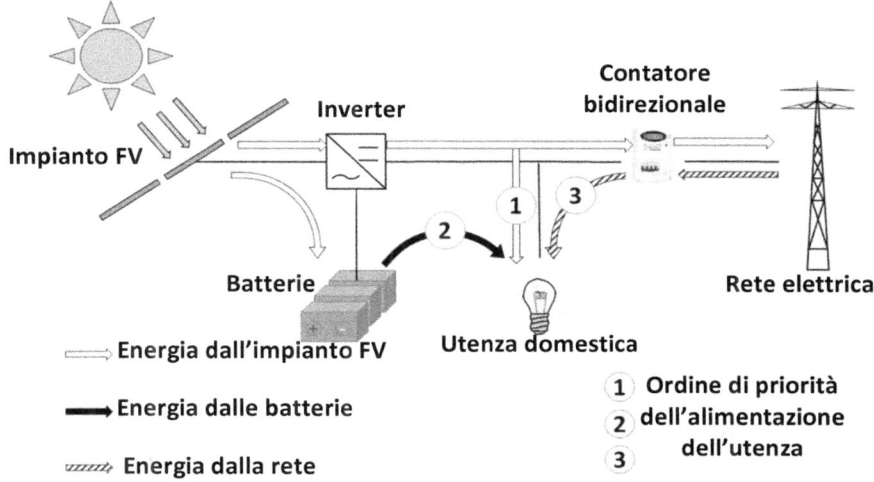

Figura 66: Esempio di impianto connesso in rete e con sistema di accumulo a batteria

La possibilità di rendere completamente indipendente un impianto domestico può essere un'idea suggestiva ma potrebbe non essere la soluzione migliore e in questa scelta gioca un ruolo importante anche la capacità produttiva dell'impianto, che è legata alle condizioni metereologiche e climatiche del sito di installazione.

Nel caso di cattivo tempo e quindi di scarsa ricarica delle batterie, potrebbe essere necessario prevedere un generatore di riserva. La vita delle batterie si può accorciare se queste restano lunghi periodi senza ricarica.

Un numero di batterie adeguato a garantire energia per almeno 3/5 giorni di condizioni meteo avverse e la presenza di un generatore di riserva per le emergenze potrebbero avere costi troppo alti.

Al momento, la soluzione più conveniente è restare connessi alla rete, che funge da generatore di emergenza e alla quale possiamo, all'occorrenza, rivendere l'elettricità in eccesso.

Sul mercato si stanno diffondendo sempre di più soluzioni per impianti totalmente sconnessi dalla rete o che facciano convivere entrambe le soluzioni.

Le più importanti case di produzione hanno fra i loro prodotti inverter ibridi, che riescono a gestire la presenza di un sistema di accumulo a batterie in un impianto ad energia rinnovabile.

La gestione intelligente dei flussi di energia consente di adattare l'impianto alla richiesta di consumo da parte dell'utilizzatore.

Ad esempio, se durante una giornata soleggiata si ha una elevata produzione di un impianto fotovoltaico e allo stesso momento un elevato utilizzo di elettrodomestici, la gestione intelligente del sistema farà sì che l'energia pulita prodotta dall'impianto verrà tutta indirizzata verso gli apparecchi funzionanti.

Nei momenti in cui si avrà un eccesso di produzione che non verrà utilizzata istantaneamente, allora il sistema di gestione provvederà a stivare l'energia in eccesso nelle batterie.

Allo stesso modo, quando non si avrà energia sufficiente rispetto alla domanda e non basterà quella presente nelle batterie, l'impianto si collegherà alla rete per avere la quantità di energia necessaria. La diffusione di questi impianti sta andando di pari passo con il calo di prezzi dovuto alle economie di scala del settore.

Nei seguenti grafici possiamo vedere alcune statistiche sull'andamento dei costi dei sistemi di accumulo.

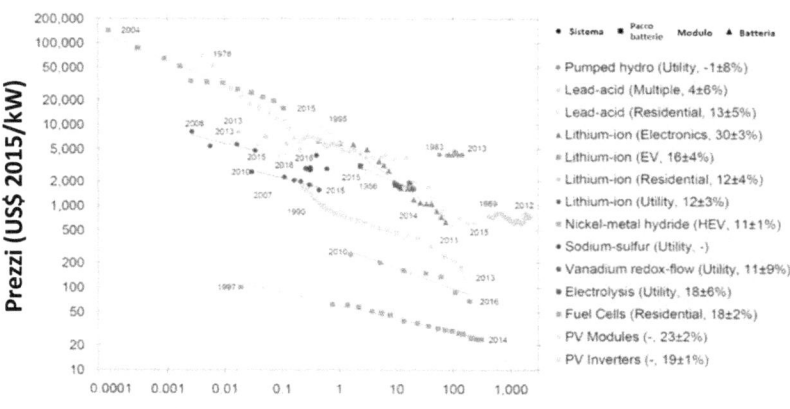

Figura 67: Calo dei prezzi in concomitanza della capacità installata (34)

La figura considera diverse tecnologie di stoccaggio e ne mostra il calo dei prezzi (in USD) collegato all'aumento della capacità installata.

Le linee punteggiate rappresentano dati estrapolati statisticamente da dati reali. Nella legenda, la prima riga con i simboli di varie forme indica l'ambito tecnologico di applicazione (un sistema completo, un insieme di batterie, un modulo fotovoltaico o una batteria singola) e le altre righe indicano la tecnologia utilizzata. I moduli e gli inverter fotovoltaici delle ultime due righe sono indicati come termine di paragone.

La necessità di stoccare energia esiste non solo per piccoli impianti domestici, ma anche su larga scala. Una soluzione già attuata è quella di impiegare l'energia in eccesso, specie quella da fonti rinnovabili, per pompare l'acqua dei bacini idrici a monte delle dighe, in modo da conservare questa energia sotto forma di energia meccanica.

Negli ultimi tempi si lavora sempre più alla possibilità di impiegare grandi sistemi di accumulo a batteria. Creare grandi centri di stoccaggio per l'energia rinnovabile può compensare l'incostanza di queste fonti. In questo modo si accumula energia quando è prodotta in eccesso (ad esempio forti condizioni di vento in periodi in cui non c'è richiesta da parte della rete di distribuzione oppure periodi di grande irradiazione solare) e si fornisce agli utilizzatori finali quando ce n'è bisogno.

Esiste la volontà di investire sempre più in soluzioni di questo tipo. Inoltre le regolamentazioni che riguardano le reti di distribuzione elettrica tengono sempre più conto della possibilità di integrare alla rete grandi sistemi di stoccaggio a batteria.

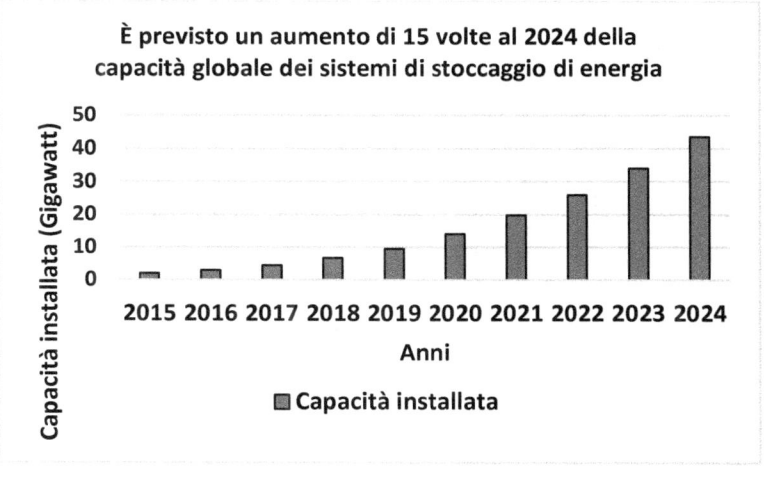

Figura 68: Previsione di incremento della capacità globale di stoccaggio di energia con grandi sistemi a batteria (35)

Le norme esistenti per i mercati all'ingrosso di energia elettrica sono state per lo più scritte per le centrali tradizionali che generano e forniscono energia elettrica e in questa fase storica si stanno ancora sviluppando meccanismi di mercato per determinare come valorizzare e retribuire grandi sistemi di stoccaggio.

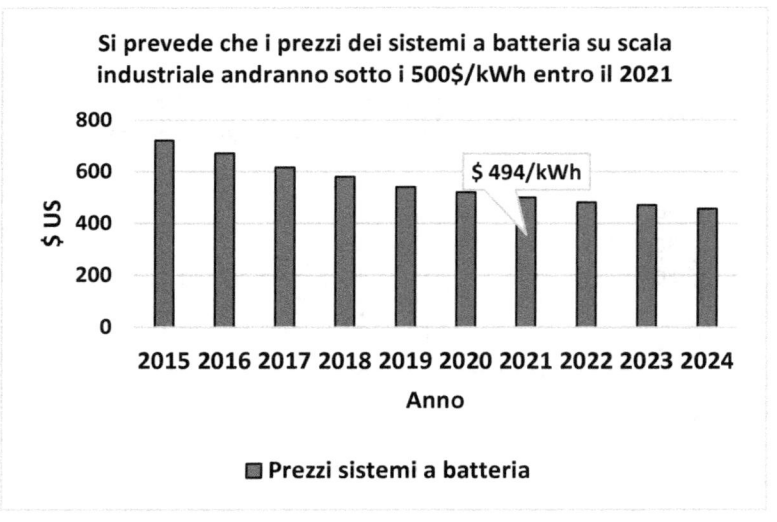

Figura 69: Previsione del calo dei costi per i grandi sistemi di stoccaggio

Oggi il mercato è frammentato in una varietà di diverse soluzioni tecnologiche come batterie agli ioni di litio, batterie di flusso e volani meccanici.

Si può considerare questo periodo storico come una fase di passaggio in cui si sta studiando quali possano essere le soluzioni migliori sia da un punto di vista tecnologico che economico.

Nello sviluppo di queste tecnologie giocano un ruolo chiave le scelte politiche. Ad esempio, negli Stati Uniti, lo Stato della California ha stabilito che i fornitori di energia nazionali debbano installare 1,3 Gigawatt di potenza di sistemi a batteria entro il 2020.

6 Energia ed efficienza

Nelle pagine precedenti abbiamo cercato di descrivere in modo semplice e comprensibile come funzionano due tra le tecnologie per la produzione di energia da fonte rinnovabile più diffuse e convenienti: l'eolico e il solare.

Nella prossima parte ci soffermeremo su due aspetti fondamentali che riguardano lo sviluppo e la diffusione delle energie rinnovabili:

- La loro efficienza;
- Il costo di produzione dell'energia.

6.1 Quanto costano le energie prodotte da fonti rinnovabili e fossili? Un confronto

Una forma di energia si diffonde se ha diversi requisiti:

- Deve essere abbondante;
- Deve essere facilmente estraibile e trasportabile;

- L'investimento speso per estrarla e renderla fruibile deve essere ripagato in termini ragionevoli;

Quest'ultima affermazione può essere espressa anche da un punto di vista meno legato all'aspetto economico e più vicino ad una interpretazione relativa alla fisica delle cose, e cioè:

l'energia spesa per estrarre e rendere utilizzabile una unità della fonte energetica presa in considerazione, non può essere di più di quella ricavata consumando quella stessa unità di fonte energetica. In altri termini, per estrarre un barile di petrolio, non possiamo utilizzare una quantità di energia uguale o superiore a quella fornita da un barile di petrolio. Altrimenti il processo non è più conveniente.

6.2 Convenienza dell'energia rinnovabile

Quanto sono convenienti le energie rinnovabili?

Le tecnologie per produrre energia pulita esistono da diversi anni e sono dei più svariati tipi.

La loro diffusione è legata alla capacità di rendere queste tecnologie convenienti secondo un concetto di ritorno dell'investimento sia economico che energetico.

Per valutare la convenienza economica ed energetica delle fonti rinnovabili, faremo riferimento ad alcune grandezze che aiutano a definire le tematiche che ci interessano.

6.3 L'EROI

L'EROIE o EROI è un acronimo dell'inglese Energy Returned On Energy Invested o Energy Return On Investment che sta per ritorno energetico sull'investimento (energetico).

Tale grandezza è impiegata negli studi sulle modalità di produzione ed accesso all'energia e si richiama ad un concetto più profondo che è legato alla presenza e allo sviluppo della vita sul nostro pianeta.

Ogni essere vivente, che sia animale o vegetale, per sopravvivere nel tempo ed espandersi in numero deve raccogliere più energia di quanta esso utilizzi per ottenerla.

Le specie che hanno successo in termini evoluzionistici sono quelle che riescono a generare un abbondante surplus di energia. La ricerca di un surplus energetico è trasferibile nell'ambito della tecnologia di produzione di energia e si può rappresentare tramite il concetto di EROI.

L'EROI misura la qualità e l'efficienza di un sistema di approvvigionamento, ed è il rapporto tra l'energia che questo sistema rilascia alla società e l'energia che il sistema ha richiesto per essere costruito, funzionare e essere smantellato alla fine del suo ciclo di vita.

Si ha quindi che:

$$EROI = \frac{Energia\ distribuita\ alla\ societ\grave{a}}{Energia\ spesa\ per\ ottenere\ questa\ energia}$$

Un processo di produzione di energia deve avere un EROI superiore ad 1 per essere conveniente.

Facciamo un esempio: se per produrre 1 kWh di energia elettrica si utilizzano 2 kWh di energia perché si impiega un metodo poco efficiente e dispersivo, allora si avrà:

$$EROI = \frac{Energia\ ricavata}{Energia\ spesa} = \frac{1\ kWh}{2\ kWh} = 0{,}5$$

Il valore è inferiore ad 1 quindi il processo non è conveniente.

Descriviamo l'EROI nella tabella seguente:

Valore dell'EROI	Significato
$EROI = \dfrac{Energia\ ricavata}{Energia\ spesa} < 1$	L'energia ottenuta è minore di quella che abbiamo impiegato per ottenerla. La fonte di energia o l'impianto non è conveniente.
$EROI = \dfrac{Energia\ ricavata}{Energia\ spesa} = 1$	L'energia ottenuta è la stessa di quella che abbiamo impiegato per ottenerla. Anche questo caso non è ottimale
$EROI = \dfrac{Energ\ ricavata}{Energia\ spesa} > 1$	L'energia ottenuta è maggiore di quella che abbiamo impiegato per ottenerla. È questo il caso ideale che bisogna raggiungere.

La definizione di EROI è abbastanza semplice e intuitiva. Il suo calcolo invece non è immediato e si presta a diverse interpretazioni.

Se si può stimare in modo abbastanza preciso la quantità di energia che un impianto di produzione fornirà nel corso del suo ciclo di vita, non è altrettanto semplice calcolare quale è l'energia che "investiamo" e che è stata necessaria per la sua costruzione e messa in funzione.

Questa valutazione è determinata da una accurata scelta dei confini di spazio e tempo all'interno dei quali il sistema scambia energia e i fattori da tenere in considerazione sono tanti.

Per questo scopo si può utilizzare una analisi del ciclo di vita dell'impianto, LCA (life cycle assessment, dall'inglese). Questa procedura è standardizzata a livello internazionale dalle norme ISO 14040 e 14044.

L'analisi del ciclo di vita tiene conto di un insieme di elementi che compongono il bilancio di energia relativo all'impianto durante il suo intero periodo di funzionamento.

Fra questi elementi si considerano ad esempio:

- L'estrazione e la produzione dei materiali che costituiscono l'impianto;
- La produzione o installazione del prodotto o dell'impianto;
- Il suo funzionamento o utilizzo;
- La sua manutenzione;
- Il suo smantellamento e smaltimento.

Si valuterà quindi l'energia impiegata per estrarre e lavorare le materie prime che compongono l'impianto. L'energia necessaria al loro trasporto nel sito di costruzione. Quella che serve al trasporto della materia prima utilizzata per produrre energia (ad esempio in una centrale a carbone, il trasporto e lo stoccaggio del carbone). L'energia impiegata per fare funzionare lo stabilimento di produzione.

Non c'è un modo univoco per definire l'EROI. Per provare a rendere più chiaro il suo significato, facciamo un esempio per un pozzo di estrazione petrolifera.

Per una fonte fossile come il petrolio, l'EROI è calcolato come il rapporto tra l'energia fornita da un barile di petrolio e l'energia utilizzata nella catena di approvvigionamento per estrarre, raffinare e consegnare il barile stesso.

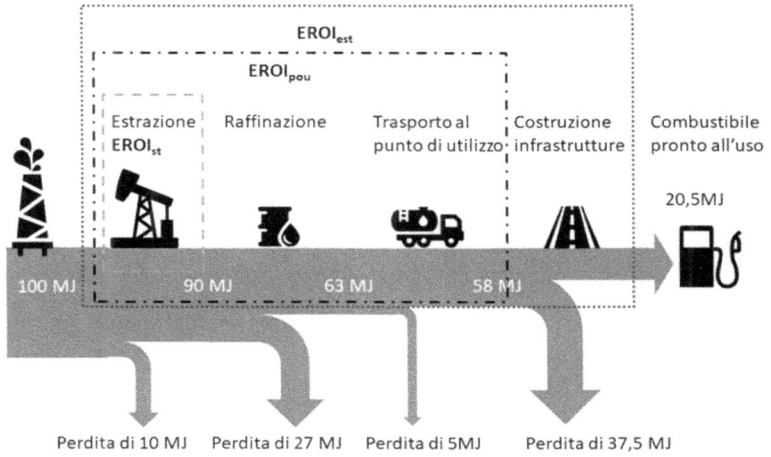

Figura 70: Confini di vari tipo di EROI e perdite di energia associate con il processo di trasformazione del petrolio, dal giacimento alla consegna all'utilizzatore finale (36)

Si possono individuare i seguenti tipi di EROI: (36)

- EROI$_{st}$ (Standard): È la somma dell'energia diretta (utilizzata nel sito) ed indiretta (energia non utilizzata nel sito ma necessaria per rendere disponibili processi e strumenti di estrazione nel sito) utilizzata per estrarre il petrolio dal sito. Non include l'energia associata all'impiego di manodopera, investimenti finanziari...ecc. ecc.

Questo EROI si calcola nel punto in cui il combustibile lascia il pozzo di estrazione (alla bocca del pozzo);

- EROI$_{pou}$ (del punto di utilizzo): Include i costi energetici associati alla raffinazione e al trasporto del combustibile sino al punto di utilizzo;

- EROI$_{ext}$ (esteso): Considera l'energia necessaria non solo per ottenere ma anche per utilizzare una unità di energia. È l'energia necessaria per trasportare una unità di energia presente alla bocca del pozzo nel punto in cui è utilizzabile per la società e comprende anche costi energetici di eventuali infrastrutture.

- EROI sociale: è l'EROI totale calcolato per una società in relazione alla sua disponibilità di fonti energetiche (ad esempio l'insieme dei pozzi di petrolio). È dato dalla somma di tutti i costi necessari per ottenere energia e il loro rapporto con i guadagni energetici derivati da essa. Questa grandezza è molto complessa da calcolare e, come abbiamo visto prima, richiede una uniforme definizione dei confini entro i quali il suo calcolo avviene.

L'EROI complessivo per un impianto fotovoltaico dovrà tenere conto dell'energia che è stata necessaria per produrre ogni componente del pannello (le celle, la cornice di alluminio, il vetro...), dell'energia necessaria per la sua installazione in termini di manodopera, trasporti, di quella impiegata per la sua manutenzione e infine dell'energia impiegata per il suo smantellamento e il riciclaggio dei materiali.

Per una centrale a combustibile fossile si dovrà considerare anche l'energia relativa ai consumi elettrici e al riscaldamento degli ambienti lavorativi, l'energia consumata dal personale per raggiungere il posto di lavoro e così via.

Uno schema che aiuta a spiegare il concetto di bilancio di energia in ingresso e in uscita di un processo energetico si può vedere nella figura successiva. (37).

Nella parte inferiore ci sono i costi energetici legati a tutto il ciclo di vita dell'impianto. Si spende energia, con un conseguente bilancio negativo, per la costruzione dell'impianto, il funzionamento durante il suo ciclo di vita e infine durante il suo smantellamento.

Nella parte superiore abbiamo l'energia in attivo, cioè quella prodotta dall'impianto. La parte di colore chiaro rappresenta quella auto consumata dall'impianto stesso per il suo funzionamento, la parte immediatamente sotto, più scura, rappresenta l'energia che viene distribuita all'utenza.

La banda verticale dell'energia netta all'estremo destro del grafico rappresenta il bilancio finale fra l'energia che è stata consumata e quella prodotta durante tutto il ciclo di vita dell'impianto. In questo caso è positiva.

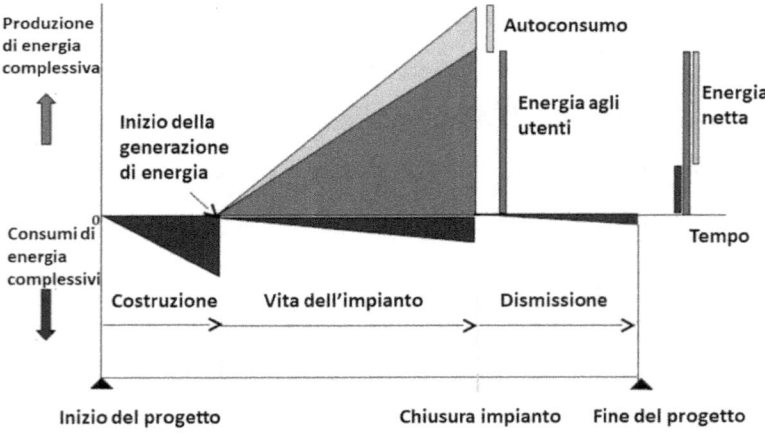

Figura 71: Schematizzazione dell'EROI in un processo energetico (37)

Per comparare i valori dell'EROI di diversi sistemi di produzione di energia (ad esempio una centrale fotovoltaica confrontata con una centrale a carbone) è importante che il metodo di calcolo e i confini del sistema siano quanto più possibile uniformi.

Una schematizzazione dei confini di un sistema di produzione di energia elettrica è data nella figura successiva. (38)

Per questo esempio è utile definire la differenza tra fonti primarie di energia e vettori energetici.

Una fonte primaria di energia è una fonte che esiste in natura e può essere usata per generare vettori energetici. Sono fonti primarie di energia i combustibili fossili, la radiazione solare, il vento, le cascate dei bacini idrici delle dighe.

Un vettore energetico serve, come il nome stesso suggerisce, a trasportare energia. Sono esempi di vettori energetici l'elettricità, la benzina, il vapore.

Immaginiamo che il sistema in figura sia una centrale elettrica che funzioni con combustibili fossili.

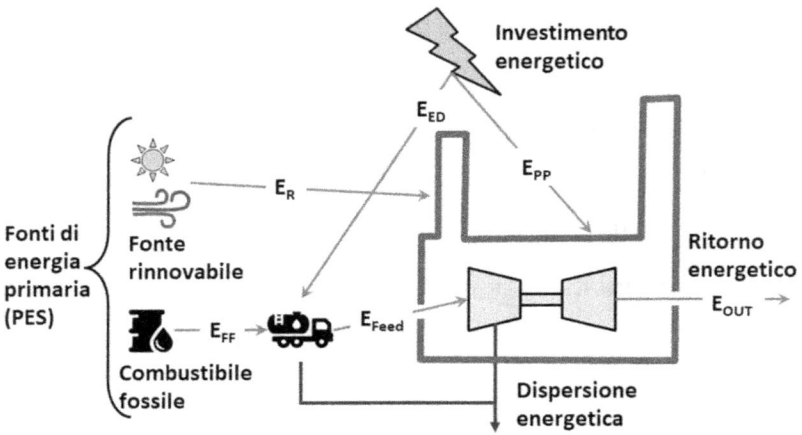

Figura 72: Confini del sistema per un'analisi dell'EROI di un sistema di generazione di energia elettrica (38)

Di seguito spieghiamo a cosa corrispondono gli elementi che compongono la figura:

E_{FF} = Fonti primarie di energia nel sottosuolo (ad esempio petrolio);

E_{FEED} = Energia estratta dalla fonte primaria (petrolio) e consegnata utilizzando il vettore energetico (ad esempio olio combustibile), che coincide con la quota diretta di energia non rinnovabile per la produzione di elettricità dalla materia prima (nel nostro caso petrolio);

E_{ED} = è l'energia primaria totale usata per la catena di approvvigionamento che porta il combustibile dal pozzo all'impianto di generazione, che è anche l'energia richiesta direttamente ed indirettamente per estrarre, raffinare e consegnare il combustibile a partire dalla materia prima. È espressa in termini di energia primaria rinnovabile e non rinnovabile;

E_{PP} = Energia per la costruzione e la dismissione dell'impianto, espressa in termini di energia primaria (rinnovabile e non rinnovabile);

E_R = Immissione diretta di energia primaria da fonte rinnovabile per la produzione di energia elettrica (di solito viene esclusa dal calcolo dell'EROI).

E_{OUT} = Emissione netta di energia elettrica.

In una centrale a combustibile fossile si ha lo sfruttamento dell'energia primaria E_{FF} fornita dalla fonte fossile nel sottosuolo.

Quando la E_{FF} arriva nella centrale è diventata E_{FEED}, in quanto ha subito la trasformazione da fonte primaria (ad esempio petrolio), in vettore energetico (ad esempio olio combustibile). Fondamentalmente la E_{FEED} alimenta la nostra centrale.

Per far arrivare la E_{FEED} alla centrale e poterla utilizzare abbiamo bisogno della E_{ED} che è l'energia che abbiamo dovuto investire per estrarre e trasportare alla centrale la E_{FEED}.

La E_{PP} sarà l'energia che dobbiamo investire per costruire l'impianto, farne la manutenzione e infine smantellarlo.

L'energia che otterremo in uscita sarà la produzione di energia E_{OUT}.

Nel caso di una centrale termica a combustibile fossile, la E_R è ad esempio l'energia del vento necessaria per disperdere i prodotti della combustione emessi dalle ciminiere.

Se consideriamo una centrale a fonte rinnovabile, ad esempio una centrale eolica, allora avremo che E_{FEED} e E_{ED} saranno pari a zero perché non sarà utilizzata energia proveniente da una fonte primaria fossile e non sarà quindi necessario raffinarla e portarla all'impianto di produzione. E_R è l'energia rinnovabile che aziona il sistema (nel nostro esempio il vento).

La formula generale che si ricava dalla figura 70, valida per un generico sistema di generazione elettrica, è la seguente:

$$EROI = \frac{E_{out}}{E_{inv}} = \frac{E_{out}}{\left(E_{ed} + E_{pp}\right)}$$

Il significato di tale formula è il seguente:

abbiamo dell'energia da investire data da $(E_{ED} + E_{PP})$.

Quanta energia otteniamo (E_{OUT}) se investiamo tale energia per costruire un impianto di produzione (E_{PP}) e estrarre e consegnare (E_{ED}) combustibile fossile per fare funzionare l'impianto e ottenere energia elettrica?

È interessante notare che la definizione di EROI non include i due input di energia più grandi $(E_{FEED}$ ed $E_R)$.

Al denominatore della formula abbiamo soltanto E_{ED} che è l'energia necessaria per rendere E_{FEED} ed E_R disponibili e E_{PP}, che è l'energia necessaria per costruire e condurre l'impianto.

Questo ci porta a dire che l'EROI non indica la semplice capacità di un sistema di convertire energia in modo più o meno efficiente.

Ciò che effettivamente esso indica è la capacità, in termini energetici, di sfruttare le fonti energetiche primarie $(E_{FF}$ ed $E_R)$, tramite l'investimento di una determinata quantità di energia **che è già disponibile** $(E_{ED}$ ed $E_{PP})$.

I sistemi che hanno un miglior rapporto tra energia in uscita ed energia investita avranno degli EROI migliori, indipendentemente da quanta energia primaria transiterà al loro interno.

Questo significa che l'EROI non tiene conto della quantità di energia primaria (rinnovabile o no) che è consumata per ogni unità di energia prodotta in uscita dal sistema.

Un sistema con un EROI più alto rispetto ad un altro, può quindi essere un sistema che nonostante la sua buona capacità di rendere energia in proporzione a quella investita può allo stesso tempo consumare più velocemente energia primaria di alta qualità e disponibile in elevata quantità ma non rinnovabile (come petrolio e gas naturale).

l'EROI è un indicatore dei vantaggi che una società può avere in base al sistema di sfruttamento delle fonti di energia primaria che sceglie e aiuta a studiare un sistema di produzione di energia.

Allo stesso tempo esso va usato con attenzione e non può essere l'unico parametro su cui basare una analisi che voglia essere quanto più possibile precisa.

Vi sono poi dei costi, sia economici che energetici che vengono esternalizzati e non sono direttamente connessi alla fonte energetica che viene considerata. Sono costi che vengono pagati dalla società e che possono essere individuati in diversi esempi.

Nel caso del carbone o del petrolio, ci sono i costi energetici legati agli interventi per risolvere l'inquinamento generato da queste fonti, i costi legati all'aumento della temperatura globale.

Le centrali nucleari hanno costi elevati di smantellamento e messa in sicurezza delle scorie radioattive, con elevato dispendio di risorse energetiche e quindi economiche.

Un ulteriore componente nel calcolo dell'EROI è la variabile data dal costo energetico del lavoro umano.

Un vantaggio delle tecnologie rinnovabili come il solare o l'eolico è che non hanno costi esterni causati dalla dispersione di inquinanti nell'ambiente durante il loro funzionamento.

Si può capire che calcolare l'EROI non è immediato e le variabili da tenere in considerazione sono molte e possono modificarsi nel tempo, inoltre il valore dell'EROI può variare a seconda del metodo di calcolo che si applica.

Nel paragrafo seguente, vedremo un confronto tra l'EROI di diverse fonti di energia. Il riferimento è un articolo di Charles A.S. Hall, Jessica G. Lambert e Stephen B. Balogh, che riassume il calcolo di diversi EROI raccolti da più fonti e confrontati tra di loro.

6.3.1 Confronto fra EROI di diversi combustibili

Nella figura successiva vediamo gli EROI di alcuni combustibili fossili:

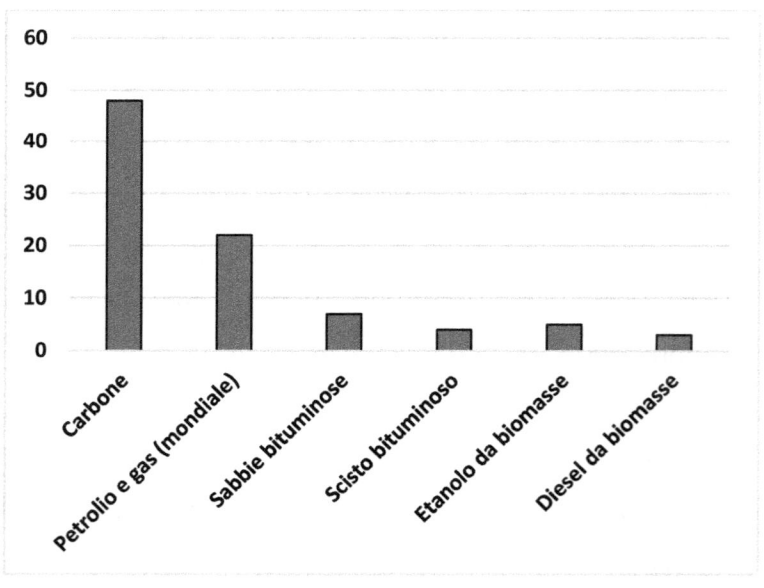

Figura 73: EROI medio per combustibili fossili (36)

Il carbone ha un EROI nettamente migliore rispetto agli altri. Poco meno di 50, più del doppio rispetto al petrolio e al gas.

In alcuni periodi storici ed in alcune zone geografiche come gli Stati Uniti, il carbone ha raggiunto valori di EROI pari ad 80, grazie alla relativa facilità di utilizzo e alla ricchezza delle miniere, che richiedevano bassi investimenti economici ed energetici per scavare il carbone.

Il petrolio ed il gas hanno un valore medio di circa 20. Generalmente i dati che riguardano olio e gas sono aggregati. Le due risorse sono spesso estratte insieme dagli stessi pozzi, di conseguenza i loro costi di produzione sono combinati e quindi è difficile scorporare il valore dell'EROI per le due fonti.

l'EROI di combustibili fossili ricavati dalle sabbie bituminose e dalla frantumazione degli scisti ha un valore basso (rispettivamente 7 e 4).

I biocarburanti ottengono valori che oscillano da 5 a 3.

Nella figura precedente abbiamo visto fonti primarie di energia. In quella seguente viene illustrato l'EROI di sistemi di generazione di corrente elettrica, alimentati da diverse fonti di energia.

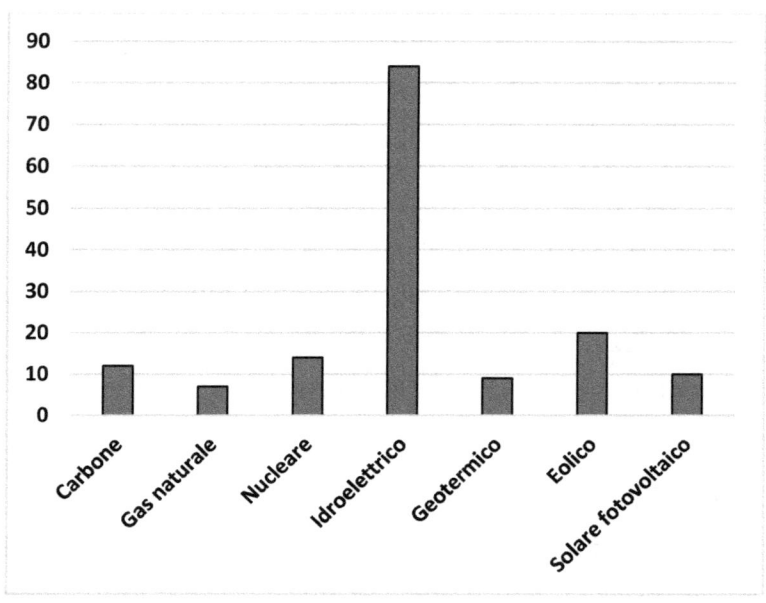

*Figura 74: EROI medio per diversi sistemi di genera-
zione di energia elettrica* (36)

Le centrali idroelettriche hanno il valore più alto (84).

Il nucleare ha un valore di 14. Si può notare il buon valore dell'energia eolica, che ha un EROI medio di 20.

Il gas naturale arriva ad un valore di 7, il geotermico 9.

Il solare fotovoltaico arriva ad un EROI di 10. Un sistema fotovoltaico ha i costi di pannelli ed inverter che sono circa un terzo di quelli complessivi. La tendenza al calo dei costi di questi due elementi potrebbe migliorare nel prossimo futuro l'EROI di questa tecnologia.

Si può notare come gli impianti di produzione di energia elettrica a carbone hanno un EROI pari a 12.

La differenza con l'EROI del primo grafico è notevole, perché in quel caso l'EROI è quello che si ottiene all'estrazione della materia prima dalla miniera.

Nel passaggio dalla bocca della miniera alla trasformazione del combustibile in energia elettrica ci sono costi energetici di trasporto e di lavorazione che riducono l'EROI di circa 25 punti.

L'EROI delle fonti fossili è quindi in generale migliore di quello delle energie rinnovabili.

Tuttavia, queste risorse stanno vedendo un declino costante del loro EROI, perché lo sfruttamento dei giacimenti ne aumenta i costi economici e quindi energetici.

Ad esempio, a parità di energia ottenibile da un barile di petrolio, è sempre di più quella che occorre spendere per cercare, estrarre e distribuire lo stesso barile, in quanto i giacimenti diventano sempre più difficili da raggiungere e le opere di perforazione sono sempre più complesse e dispendiose.

Nel grafico seguente vediamo una rappresentazione del declino dell'EROI nel tempo per alcune fonti fossili.

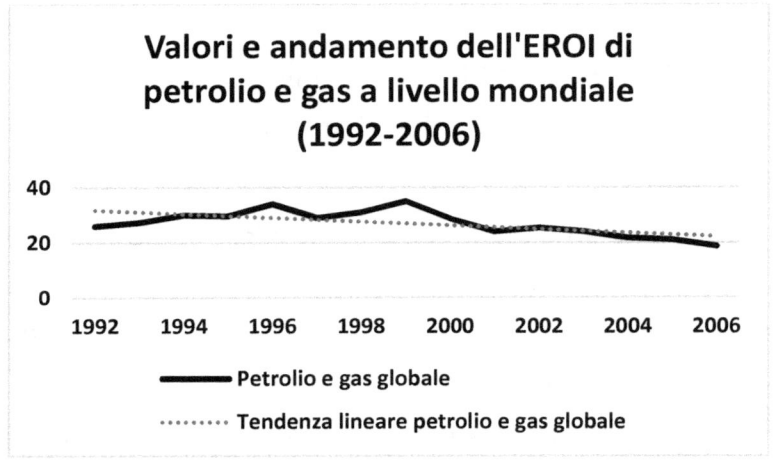

Figura 75: Calo dell'EROI di petrolio e gas nel tempo. (39)

Come già detto, i dati di petrolio e gas sono spesso aggregati insieme, perché sono estratti dagli stessi pozzi e i loro costi di produzione sono sovrapposti. Il grafico è tratto dallo studio di Gagnon del 2009, che utilizza dati di diverse compagnie pubbliche di estrazione che li hanno resi disponibili.

La analisi di questi autori risalente al 2009, ha stimato che l'EROI di gas e petrolio è calato nel corso di dieci anni di circa il 50%.

Le nuove tecnologie di perforazione e di produzione contribuiscono a mantenere abbastanza stabile la produzione, ma non impediscono un costante calo dell'EROI.

Il dato generalizzato di calo dell'EROI, induce a pensare che i miglioramenti delle tecnologie di sfruttamento delle risorse fossili non riescano a compensare l'esaurimento delle stesse dovuto all'elevato tasso di consumo.

Nella tabella successiva, sempre tratta dallo studio di C. Hall, vediamo un riassunto dei vari EROI, tratti da varie fonti bibliografiche.

Tabella 6: *Valori dell'EROI per diverse fonti di energia* (36)

Tipo di fonte	Anno	EROI
Petrolio e Gas	1999 - 2006	35 - 18
Nucleare	Non disponibile	5 - 15
Eolico	Non disponibile	18
Fotovoltaico	Non disponibile	6 - 12
Etanolo da Granturco	Non disponibile	0,8 – 1,6

Alcuni dati relativi alla stessa risorsa sono diversi fra loro perché è opportuno rimarcare ancora una volta come il calcolo dell'EROI dipenda dalle variabili che decidiamo di inserire nel suo calcolo.

Più i confini del sistema saranno ampi, più basso sarà il valore dell'EROI, perché andremo a comprendere negli investimenti energetici un numero sempre più ampio di "spese" indirette che contribuiscono alla creazione del sistema che analizziamo.

Le energie rinnovabili non hanno il problema del lento declino che hanno le fonti fossili, hanno un basso impatto ambientale ma sono intermittenti e non sono facilmente trasportabili.

Se si vorrà passare da una società basata sulle fonti fossili a una basata su fonti rinnovabili si dovrà ovviare a queste loro lacune. Sarà quindi necessario sviluppare una rete di infrastrutture di trasporto e stoccaggio che potrebbero incidere negativamente sul loro EROI che è già adesso più basso rispetto a quello delle fonti fossili tradizionali.

Per perseguire questo sviluppo tecnologico dobbiamo utilizzare e convogliare su di esso una elevata quantità di energia che deriva dalle fonti fossili.

In altre parole, alti valori di EROI delle fonti fossili consentono di avere elevate quantità di energia da investire nello sviluppo delle fonti rinnovabili.

Questo discorso va oltre il significato di EROI e comprende lo studio della effettiva capacità di un sistema di produzione di energia, che sia a fonte rinnovabile o tradizionale, di supportare in autonomia la richiesta di energia da parte della società.

In ultima analisi, l'EROI non riesce a descrivere in tutti i suoi aspetti un sistema energetico. Ad esempio non considera la qualità dell'energia che viene prodotta (se da fonte pulita e rinnovabile o meno) o le esternalità riversate sull'ecosistema.

L'EROI di fatto è una misura della quantità di energia che una determinata tecnologia può fornire alla società per un corrispondente investimento di energia.

Riportato a questi termini essenziali, allora ha senso utilizzare degli standard per il suo calcolo, che possano descriverlo tramite parametri definiti.

In questa prospettiva assumono importanza alcune metodologie di calcolo che si affidano a degli standard come le procedure ISO di LCA e quelle definite dall'IEA (International Energy Agency).

Estendere troppo i confini per il calcolo dell'EROI per stimare la capacità di una tecnologia di soddisfare i bisogni della moderna civiltà può falsare i risultati portandoli oltre quello che era il loro scopo iniziale.Del resto, ad un livello concettuale più ampio, i livelli di connessione tra gli elementi che compongono la nostra realtà e società possono essere infiniti se ci abbandoniamo a speculazione teoriche sempre più dettagliate.

6.4 Energia netta

Per comprendere e descrivere le implicazioni che i consumi energetici hanno sulla nostra società, si può creare un parallelismo tra dati economici e costi energetici.

Per molti paesi si conoscono il totale di energia primaria consumata ed il prodotto interno lordo. Ciò consente di confrontare questi dati e cercare una relazione fra di loro

Il rapporto tra il costo dell'energia e il PIL di un determinato anno, può dare un'indicazione di quante risorse sono investite in media in energia per generare una unità di PIL.

$$\frac{\textit{Costo Energia}}{PIL}$$

Quando questo rapporto è basso, quindi basso costo dell'energia e alto PIL, si ha in genere una crescita dell'economia. Al contrario, quando questo rapporto è alto, l'economia è in una fase recessiva.

Elevate variazioni del costo dell'energia, influenzano per forza di cose la crescita economica.

Le fonti fossili rappresentano la componente più importante di approvvigionamento energetico a livello globale. Importanti fluttuazioni del loro prezzo e del loro sfruttamento hanno quindi una forte influenza sulla società.

Se è vero che sul pianeta ci sono ancora ingenti risorse di petrolio e gas e che in caso di prezzi crescenti, questi non fanno che incoraggiare la sua produzione ed estrazione, allo stesso tempo quando maggiori investimenti economici sono richiesti per l'estrazione e produzione, è richiesta anche più energia.

Come abbiamo visto esiste un limite a quanto possiamo pagare per avere una unità di energia, che equivale esattamente a spendere, ad esempio, un barile di petrolio per ottenere un barile di petrolio. Arrivati a questo limite, l'utilizzo di quella fonte di energia, anche se ancora presente ed abbondante in natura, non è più conveniente.

L'energia netta è strettamente correlata al concetto di EROI e rappresenta il surplus di energia disponibile grazie alle attività che producono e trasformano energia. Essa è definita dalla seguente formula:

$$Energia\ Netta = EROI - 1$$

È facile capire che se per un determinato processo o tecnologia abbiamo un EROI pari a 1 (quindi molto basso), l'energia netta che sarà a disposizione per la società sarà pari a 0.

1 rappresenta quindi l'energia investita.

Se l'EROI è minore di 1, allora si ha una energia netta negativa. Questo significa che siamo di fronte a una perdita di energia nel nostro sistema. Il seguente grafico illustra in modo intuitivo la correlazione che c'è fra EROI ed energia netta:

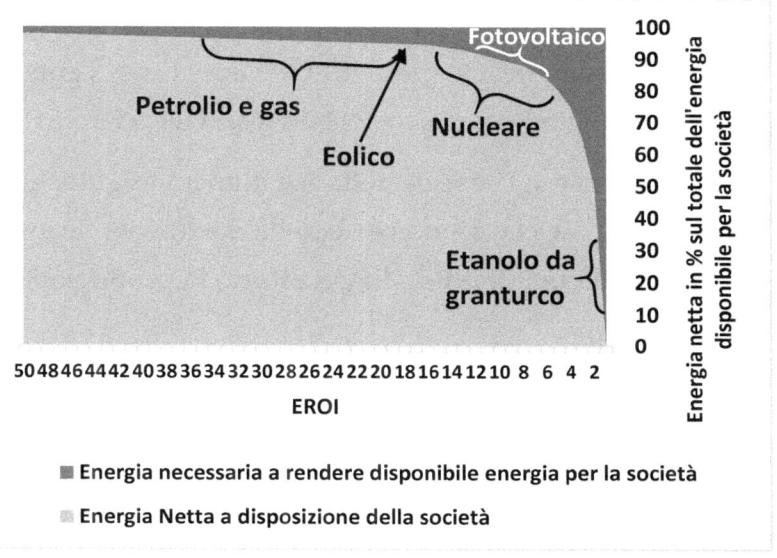

Figura 76: Curva dell'Energia Netta. L'EROI è indicato dai numeri dell'asse orizzontale (40)

Il grafico collega l'EROI e la curva dell'energia netta, intesa come percentuale sul totale dell'energia disponibile. La parte chiara è l'energia netta, consumata dalla società. La parte scura è l'energia impiegata per raccogliere e rendere utilizzabile tale energia.

Sino a che l'EROI ha valori superiori a 12/10, la quantità di energia netta (chiara) è circa l'80/90% di quella totale (parte sinistra del grafico).

Per EROI minori di 10, la percentuale di energia netta cala rapidamente. Quando l'EROI è uguale a 1, l'energia netta disponibile per la società è pressoché zero.

Noi utilizziamo l'energia netta per alimentare tutte le attività e le cose che fanno parte della nostra vita: le infrastrutture, la manifattura, l'agricoltura, la produzione di cibo.

Per valori dell'EROI inferiori a 7, la quantità di energia disponibile ha un calo repentino. Questo significa che, superato quel valore, la maggior parte delle nostre risorse energetiche ed economiche devono essere impiegate per la mera sopravvivenza della società, a scapito di sue componenti più lontane dai bisogni primari.

Per la salute, l'educazione, lo stato sociale, l'arte, la ricerca scientifica e tutto quello che definiamo come progresso noi utilizziamo il surplus di energia.

Quanta più energia netta abbiamo disponibile, tanto più aumenta la nostra qualità della vita.

Questo concetto è bene illustrato nella seguente figura. (40)

Gerarchia dei «Bisogni
Energetici» nella società

Arti

Salute e
educazione

Supporto
sociale

Produzione di cibo e
trasporti

Estrazione e raffinazione
dell'energia

Figura 77: Piramide dei bisogni energetici. Rappresenta l'EROI minimo che deve avere il petrolio convenzionale, alla bocca del pozzo di estrazione, per rendere possibili una serie di attività necessarie per la attuale civilizzazione. Se l'EROI ha valore pari a 1, tutto quello che si riesce a fare è raggiungere la base della piramide. Ogni incremento di EROI consente di risalire lungo la piramide, fino ad arrivare alle attività che corrispondono ad una elevata disponibilità di energia.

Oggi, la possibilità di arrivare ai vertici della piramide dei bisogni energetici è resa possibile dalla larga disponibilità di combustibili fossili.

È opinione diffusa che la scoperta di nuovi giacimenti e il progresso tecnologico che renderà più efficienti le tecniche di estrazione, consentiranno di compensare lo sfruttamento intensivo globale che porta a una costante diminuzione di petrolio e gas facilmente estraibili.

In un certo senso l'evoluzione tecnologica è in gara contro il tempo con l'esaurimento delle risorse.

Nel lungo periodo, il proposito è sostituire le energie fossili con energie pulite e rinnovabili.

Al momento le rinnovabili non offrono però le stesse caratteristiche delle fossili, che possiamo indicare con:

- Sufficiente densità energetica (petrolio e gas sono fisicamente concentrati e accessibili in modo che è relativamente facile usufruire di essi);
- Trasportabilità;
- EROI elevato;
- Capacità di soddisfare a richiesta la domanda di energia mondiale.

Il punto fondamentale da tenere presente è che abbiamo bisogno di una elevata quantità di energia netta per soddisfare i bisogni e la richiesta di beni e servizi della nostra società.

Questo corrisponde a un valore minimo di EROI che dobbiamo mantenere nella ricerca ed utilizzo di fonti energetiche.

Il valore minimo di EROI per mantenere il nostro attuale livello di civilizzazione e generalmente stimato in 5. (41)

Questo dato è intuibile se riguardiamo la curva dell'energia netta in figura 76.

Per EROI inferiori a 5 il calo dell'energia netta è rapido e drastico e le fonti di energia alla destra di tale valore non consentono lo sviluppo del nostro attuale stile di vita.

6.5 L'LCOE

Per la realizzazione e il funzionamento di un impianto di produzione di energia si devono sostenere diversi costi economici:

- Costo di investimento ed installazione;
- Costo del combustibile;

- Costi di manutenzione;
- Costi legati all'emissione di CO_2;
- Costi per lo smantellamento dell'impianto.

Questi costi incidono in modo differente a seconda del tipo di impianto che consideriamo e contribuiscono, ognuno con il suo peso, a formare il costo complessivo dal quale deriverà il prezzo dell'energia elettrica prodotta.

Un parametro che descrive e aiuta a comprendere come viene generato il prezzo dell'elettricità e che consente di confrontarlo per varie tecnologie di produzione è l'LCOE, dall'acronimo inglese Levelized Cost Of Energy.

Esso è il costo di produzione di 1 kWh elettrico con la cui vendita è poi possibile ripagare l'investimento fatto per la costruzione e il funzionamento dell'impianto di produzione di energia.

Ad alti valori di LCOE corrispondono alti costi di produzione di energia e quindi bassa convenienza dell'impianto di produzione

L'LCOE consente di confrontare il costo dell'elettricità fra le differenti tecnologie di generazione ed è il rapporto tra le spese sostenute per l'impianto di produzione e il valore dell'energia elettrica prodotta.

Di seguito un esempio (42)

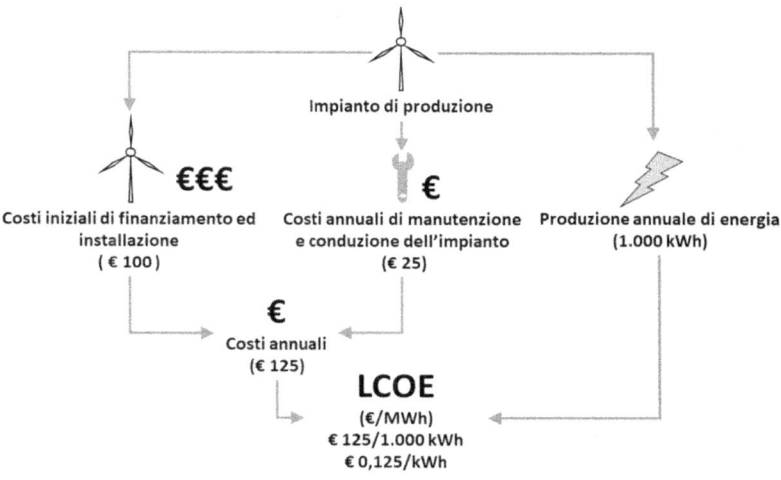

Figura 78: Esempio concettuale di definizione dell'L-COE

La formula che definisce l'LCOE è la seguente:

$$\frac{\sum_{t=1}^{n} \dfrac{I_t + M_t + F_t + CO_{2t} + D_t}{(1 + r)^t}}{\sum_{t-1}^{n} \dfrac{E_t}{(1 + r)^t}}$$

Dove:

I_t = Costi di investimento e finanziamento nell'anno t;

M_t = Costi di manutenzione e funzionamento nell'anno t;

F_t = Costi di combustibile nell'anno t;

CO_{2t} = Costi legati all'emissione di CO_2 nell'anno t;

D_t = Costi legati alla dismissione dell'impianto nell'anno t;

t = Anno di riferimento;

r = Tasso di sconto.

L'incidenza delle singole voci cambia a seconda della tecnologia utilizzata.

Il solare e l'eolico non hanno costi di combustibile quindi l'impatto di tale voce sull'LCOE è ovviamente differente rispetto a una classica centrale a fonte fossile, che invece avrà sempre dei costi di approvvigionamento di materia prima.

Le tecnologie che hanno bisogno di tempi lunghi per la costruzione dell'impianto subiscono maggiormente il peso del tasso di sconto r (ad esempio nel caso delle centrali nucleari).

Tecnologie come le fonti rinnovabili hanno brevi tempi di installazione e quindi una bassa influenza di r, ma hanno elevati costi di investimento iniziale (a causa dei costi delle componenti principali come ad esempio pannelli fotovoltaici ed inverter). I miglioramenti tecnologici tendono a ridurre l'LCOE grazie ai minori costi di investimento richiesti e al miglioramento dei rendimenti nella produzione di energia (si produce più energia a costo minore).

Di seguito alcuni grafici che mettono a confronto gli LCOE di diverse fonti di produzione di energia elettrica.

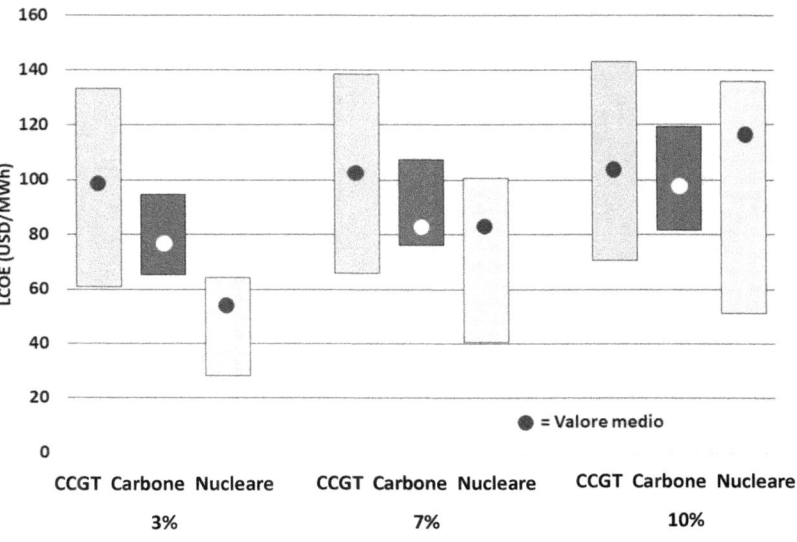

Figura 79: Differenti valori di LCOE in dollari per CCGT (centrali a ciclo combinato gas-vapore), centrali a carbone e centrali nucleari a differenti percentuali del tasso di sconto (3%, 7%, 10%) per i capitali investiti

Nella figura 79 si vede come, all'aumentare del tasso di sconto, investimenti di lungo periodo come le centrali nucleari, subiscano un aumento dell'LCOE. (43)

Nel grafico successivo il confronto è tra impianti fotovoltaici ed eolici di differenti taglie.

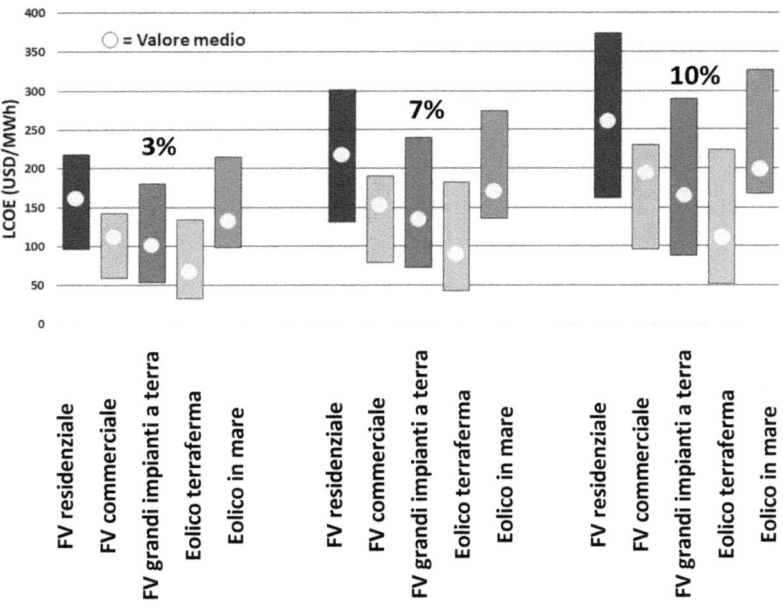

Figura 80: Differenti valori di LCOE in dollari per impianti fotovoltaici residenziali, commerciali, su terreno, centrali eoliche su terra e in mare, a differenti percentuali del tasso di sconto per i capitali investiti (43)

La figura successiva mette a confronto l'LCOE per varie fonti di produzione di energia elettrica al tasso di sconto del 7%.

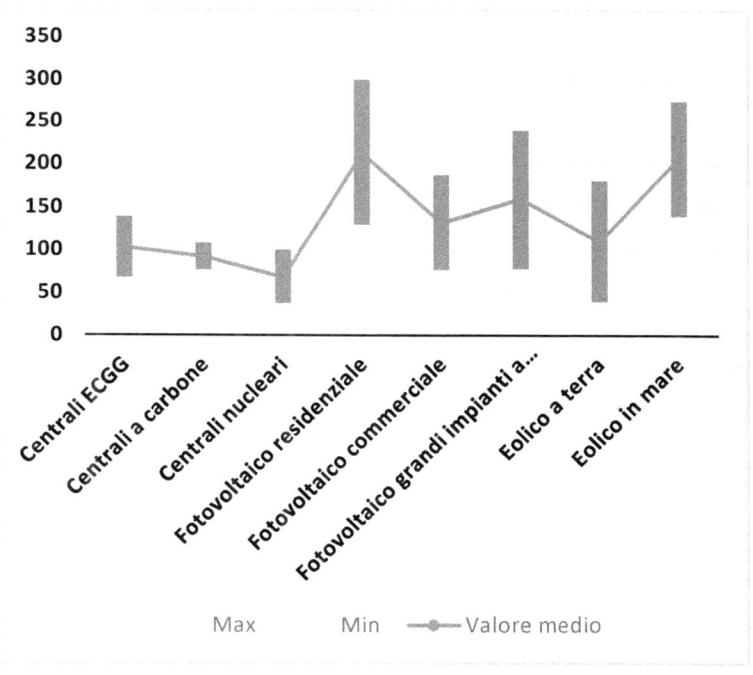

Figura 81: Confronto fra diversi LCOE al tasso di sconto del 7%

La barra verticale è l'intervallo di oscillazione dell'LCOE. La linea congiunge i valori medi degli intervalli.

Le fonti rinnovabili hanno un valore medio tendenzial-mente più alto. Tuttavia la differenza di LCOE tra le fonti tradizionali e le fonti rinnovabili si sta riducendo nel tempo. Nel grafico successivo vediamo l'andamento dell'LCOE negli anni per alcune fonti rinnovabili.

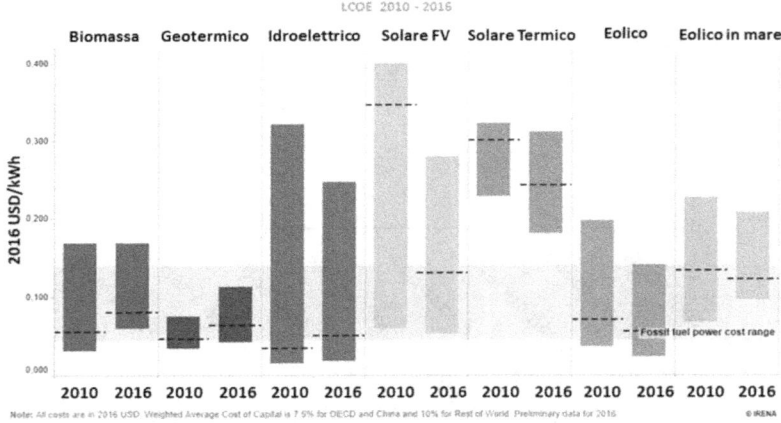

Figura 82: Andamento dell'LCOE per le principali fonti rinnovabili dal 2010 al 2016. I prezzi sono in USD e il tasso di sconto medio considerato è il 7,5%.

Si vede come il fotovoltaico abbia migliorato il suo LCOE e come l'eolico riesca a stare nella fascia dei valori di LCOE dei combustibili fossili (banda in grigio). Le li-nee tratteggiate nere sono i valori medi. (44)

6.6 L'EPBT

L'EPBT è un indicatore che si associa spesso agli impianti fotovoltaici. Tale acronimo sta per Energy Pay Back Time (in italiano tempo di ritorno energetico) e ci dice in quanto tempo un impianto che produce energia ripaga e ridà indietro l'energia che è stata necessaria per la sua installazione.

L'EPBT si può definire tramite la seguente formula: (38)

$$EPBT = \frac{E_{PP}}{EE_{OU} \quad ,yr}$$

Dove:

E_{PP}= Energia per la costruzione e la dismissione dell'impianto, espressa in termini di Energia Primaria (rinnovabile + non rinnovabile);

$EE_{out\text{-}eq,\ yr}$ = Energia elettrica prodotta annualmente dall'impianto, espressa anche questa in termini di Energia Primaria equivalente.

Ricordiamo che l'energia primaria è l'energia che si ricava direttamente da risorse naturali rinnovabili e non rinnovabili, ad esempio petrolio e vento. L'energia primaria definisce il potenziale energetico di un combustibile ed è una misura che rende confrontabili fra loro diversi combustibili. Può essere espressa in TEP (tonnellate equivalenti di petrolio), kWh (chilowattora) oppure tCO_2 (tonnellate equivalenti di CO_2).

Per correlare EPBT ed EROI possiamo indicare la seguente formula: (38)

$$EROI = \frac{T}{EPBT}$$

Dove

T = tempo di vita dell'impianto.

Quindi maggiore sarà il tempo di vita dell'impianto, maggiore sarà l'EROI. Al contrario, più sarà alto l'EPBT, cioè il tempo in cui l'impianto ripaga l'energia che abbiamo impiegato per costruirlo, minore sarà l'EROI.

7   Il paradosso di Jevons

Nel suo libro del 1865 "The coal question", l'economista William Stanley Jevons studia l'economia inglese dell'epoca e l'influenza che lo sviluppo tecnologico e l'utilizzo delle risorse hanno nella formazione e nella evoluzione della società.

In quel periodo la risorsa naturale sulla quale si basava l'economia era il carbone. L'utilizzo intensivo di tale combustibile e il suo impiego nell'alimentazione delle macchine a vapore aveva dato un notevole impulso a tutte le attività umane.

In questo contesto di sviluppo tecnologico, sociale ed economico, Jevons fa una riflessione sul rapporto fra civiltà ed energia, e scrive:

"È da molti comunemente addotto che la diminuzione di approvvigionamento di carbone sarà contrastata da nuovi modi di usarlo in maniera più efficiente ed economica.

La quantità di lavoro utile ricavato dal carbone può essere incrementata in vari modi, mentre la quantità di carbone consumato resta stazionaria o diminuisce. Abbiamo quindi, si suppone, i mezzi per neutralizzare del tutto i mali legati ad un carburante scarso e costoso...

...ma l'economia del carbone nell'industria è una questione diversa. È assolutamente una confusione di idee ritenere che l'utilizzo parsimonioso del carburante equivale a una diminuzione (complessiva ndt) dei consumi. È vero esattamente il contrario. Di regola, le nuove modalità di risparmio, porteranno ad un aumento dei consumi, secondo un principio riconosciuto in molte istanze parallele...

...Quindi è una regola comune della finanza che la riduzione delle tasse e dei pedaggi porta a un aumento dei ricavi lordi e anche netti; ed è una massima del commercio, che un basso tasso di profitti, con il giro di affari moltiplicati che genera, è più profittevole che una piccola attività con un alto tasso di profitto.

Ora, lo stesso principio si applica, con anche maggiore forza e distinzione, all'utilizzo di un agente così generale come il carbone. È il suo stesso utilizzo efficiente che porta a un suo intensivo consumo. È stato così nel passato, e sarà così nel futuro. Né è difficile vedere come si crea questo paradosso.

Il numero di tonnellate di carbone utilizzato in qualsiasi settore dell'industria è il prodotto del numero di attività separate, e il numero medio di tonnellate consumate in ciascuna.

Ora, se la quantità di carbone usata in un altoforno, per esempio, diminuisce in rapporto all'aumento dell'efficienza, i profitti legati a tale commercio aumenteranno, nuovi capitali saranno attratti, il prezzo della ghisa diminuirà, ma la sua domanda crescerà; e alla fine il maggior numero di fornaci avrà più che compensato il consumo ridotto di ciascuno. E se tale non è sempre il risultato all'interno di una singola attività, va ricordato che il progresso di ogni attività manifatturiera stimola nuova attività in molti altri settori, e porta indirettamente, se non direttamente, a un aumento dello sfruttamento delle nostre riserve di carbone.

Basta una alquanto rapida riflessione per vedere che il nostro attuale e vasto sistema industriale, e il suo conseguente consumo di carbone, è derivato principalmente da misure di risparmio successive nel tempo.

La civiltà, dice il Barone Liebig[5], è l'economia dell'energia, e la nostra energia è il carbone. È l'utilizzo in econo-

---

[5] Justus Von Liebig (1803-1873) Chimico tedesco.

mia ed efficienza del carbone che rende la nostra industria ciò che è: e più noi rendiamo esso efficiente ed economico, più la nostra industria prospererà, e le nostre opere di civiltà cresceranno...

...E se l'economia in passato è stata la principale fonte del nostro progresso e del crescente consumo di carbone, lo stesso effetto seguirà dalla stessa causa in futuro.

L'economia moltiplica il valore e l'efficienza della nostra materia prima principale; essa aumenta indefinitamente il nostro benessere e i nostri mezzi di sostentamento, e porta ad un aumento della popolazione, delle opere e del commercio, il che è gratificante nel presente, ma conduce per forza il tutto ad una fine più rapidamente.

Invenzioni più efficienti sono quello che dovremmo ricercare per continuare a mantenere il nostro tasso crescente di consumo. Potremmo tenerle per noi, infatti, e ci consentirebbero, per un certo periodo di tempo, di neutralizzare i danni dei maggiori costi quando il carbone inizierebbe a scarseggiare, per mantenere l'efficienza alla quale siamo abituati, e continuare a scavare le nostre miniere come prima. Ma la fine sarebbe così solo accelerata. L'esaurimento delle nostre vene di carbone sarebbe più rapido.". (45).

Questi brani riportati da "The coal question" sono ancora oggi attuali e rappresentano una parte del pensiero dell'autore arrivato fino a noi e condensato nel così detto "Paradosso di Jevons".

Secondo tale paradosso, le innovazioni tecnologiche che migliorano l'efficienza di sfruttamento di una risorsa, la rendono disponibile in modo più facile e meno costoso e quindi ne aumentano il consumo, anziché preservarla per farla durare di più nel tempo.

Il futuro che ci piace immaginare è quello in cui avremo sostituito risorse finite ed esauribili con risorse potenzialmente illimitate derivate dall'azione del sole.

Una risorsa di fatto infinita come il sole, dovrebbe essere al riparo anche dagli effetti del paradosso di Jevons, ma quanto è effettivamente realizzabile questa ipotesi?

Il fisico e matematico statunitense Alfred James Lotka teorizzò che il concetto darwiniano di selezione naturale potesse essere quantificato come una legge fisica. Nel 1922 egli formulò la sua legge sui flussi di energia massimizzati, che affermava che il principio selettivo dell'evoluzione delle specie era quello che favoriva la massima trasformazione del flusso utile di energia.

In particolare Lotka scrive:" *In ogni caso considerato, la selezione naturale opererà per aumentare la massa totale del sistema organico, aumentare il tasso di circolazione della materia attraverso il sistema, e aumentare il flusso totale di energia attraverso il sistema, fintantoché saranno presenti ed inutilizzati residui di materia ed energia disponibile."* (46)

La civiltà umana e le società che la compongono sono sottosistemi complessi della biosfera e come tali tendono, secondo Lotka, ad aumentare le loro dimensioni, aumentare il tasso di circolazione della materia attraverso il sistema e aumentare il flusso totale di energia attraverso di esso, finché materia ed energia sono disponibili. Per potersi sviluppare, l'umanità è sempre stata condizionata dalla capacità di sfruttare la radiazione solare in tutte le sue trasformazioni. La produzione di cibo e l'accesso all'energia sono rimasti difficili e limitati per millenni, legati al ciclo della fotosintesi e alla bassa densità di energia della biomassa.

Le società del passato erano comunità basate su risorse derivanti dall'energia solare che erano accessibili in modo istantaneo o in tempi relativamente brevi, come coltivazioni stagionali, alberi da frutto, legname, forza lavoro animale ed umana.

Le società dell'era moderna hanno potuto attingere a grandi riserve di energia solare accumulate nei combustibili fossili. Queste risorse sono un'eredità di epoche remote che si stanno consumando con una velocità molto maggiore rispetto a quella che è stata necessaria per costituirle. Tale processo è favorito dal fatto che le fonti fossili rappresentano serbatoi di energia altamente concentrata e facilmente trasportabile e stoccabile.

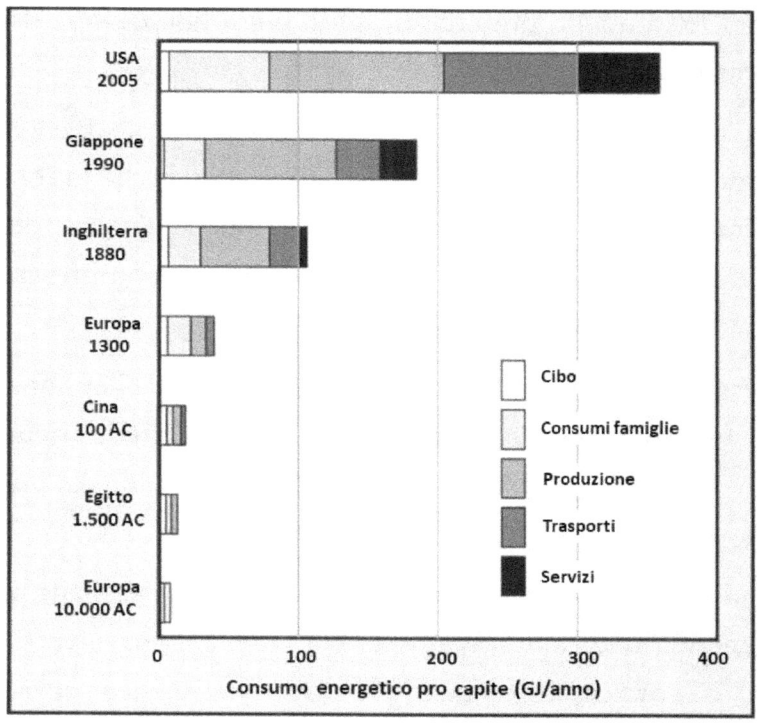

Figura 83: Tassi tipici di consumo energetico pro ca-pite negli ultimi 12.000 anni (riprodotto con il per-messo di Vaclav Smil) (47)

L'utilizzo di questo tipo di energia ne ha aumentato il flusso attraverso la nostra civiltà, così come si può vedere nella figura 83.

Nell'asse delle ordinate è riportato il consumo di energia pro capite in giga joule. Nella società degli USA del 2005, il consumo pro capite è all'incirca 50 volte maggiore rispetto a quello presente fra gli uomini dell'Europa del neolitico.

L'aumento del consumo e il conseguente flusso di energia attraverso la società ha una caratteristica che lo contraddistingue: non è uniforme per tutte le nazioni del globo ed è concentrato in alcuni paesi, che rappresentano di fatto la parte ricca del mondo.

Ancora nel 2000, i paesi del G7 (Stati Uniti, Giappone, Germania, Francia, Regno Unito, Italia e Canada) detenevano circa il 45% dei consumi di energia globale, pur avendo circa il 10% della popolazione totale.

All'inizio del 21° secolo, il tasso di consumo annuale di energia dedicata alle attività commerciali spaziava da 0,5 GJ pro capite nei paesi più poveri dell'Africa sub sahariana, come il Ciad e il Niger, a più di 330 GJ pro capite in paesi come gli Stati Uniti.

La media globale era di circa 65GJ pro capite, che veniva avvicinata solo da pochi paesi, come il Portogallo, l'Argentina e la Croazia.

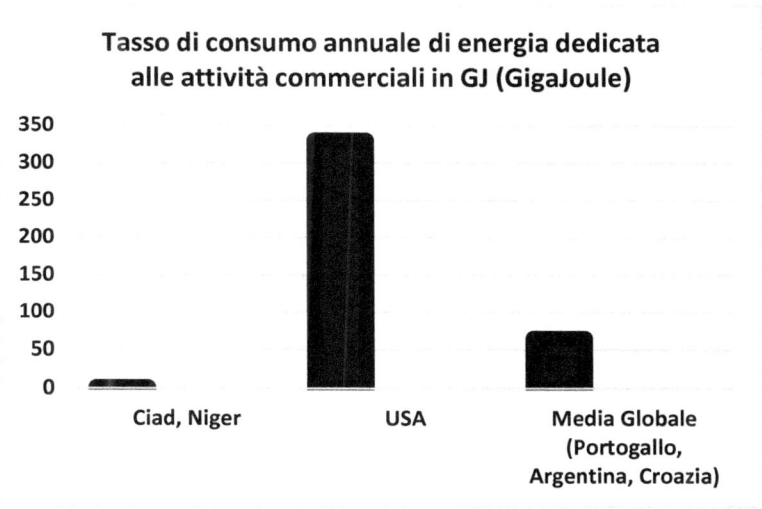

Figura 84: Confronto tra tassi di consumo annuale di energia dedicata alle attività commerciali

Tutto questo fa intuire la enormità del fabbisogno energetico che abbiamo oggi, considerando che più della metà della popolazione mondiale deve ancora iniziare l'ascesa lungo la curva della richiesta di energia ed è ancora ben distante anche solo dai valori di consumo medio globale.

Ma si può pensare di estendere il modello di vita e il tasso di consumo di energia dei paesi più ricchi a tutti gli abitanti del mondo?

Estendere il tasso di consumo di energia primaria dei paesi più energivori come gli stati Nord Americani, con un consumo pro capite di circa 330 GJ annui, significherebbe aumentare di cinque volte l'attuale fabbisogno energetico mondiale, cioè all'incirca 2,3 ZJ (zettajoule, milioni di miliardi di MJ) di energia primaria.

Tale flusso di energia non sarebbe oggi sostenibile nemmeno da tutte le fonti fossili oggi disponibili.

La media di consumo pro capite delle economie europee più ricche e del Giappone è circa 170 GJ.

Estendere questo valore a tutta la popolazione mondiale richiederebbe una quantità di energia pro capite pari a 1,1 ZJ, circa due volte e mezzo l'attuale livello di consumo globale.

Questo obiettivo comporterebbe comunque un grosso problema.

Aumentare a tali valori il consumo pro capite di energia con l'attuale composizione delle fonti primarie, che sono principalmente combustibili fossili, provocherebbe un forte aumento della CO_2 nell'atmosfera, con conseguente incremento del riscaldamento globale e del cambiamento climatico.

In considerazione di ciò, l'idea di aumentare il flusso di energia anche per le popolazioni meno sviluppate e la volontà di salvaguardare l'integrità della nostra biosfera, porta ad immaginare due possibili modi per conciliare queste prospettive:

-   Razionalizzare e rendere più efficienti i nostri consumi energetici;
-   Utilizzare sempre di più le energie rinnovabili al posto dei combustibili fossili.

Ma la domanda è: sono effettivamente percorribili queste due strade?

Ricordiamo quello che dice il paradosso di Jevons: l'aumento dell'efficienza dei processi che consumano energia, non porta a una riduzione del suo utilizzo ma, al contrario, ne aumenta la domanda.

Nel corso degli anni, l'impiego di minore energia e l'aumento di efficienza per svolgere le stesse attività ha di fatto portato ad un aumento dei consumi e ad un calo dell'intensità dell'energia, che è la quantità di energia primaria utilizzata per una unità di PIL.

Nel grafico successivo possiamo vedere questa tendenza.

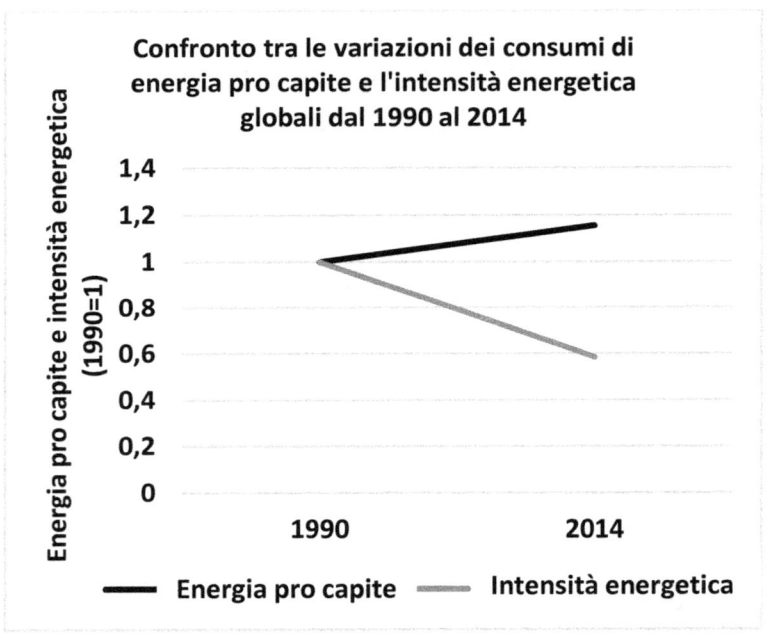

Figura 85: Energia pro capite e intensità energetica
nel mondo dal 1990 al 2014 (48)

Questo grafico ci dice che si è ridotta nel tempo la quantità di energia necessaria per produrre una unità di PIL.
Nonostante questo, il consumo di energia nel tempo è
aumentato.

7.1 Energie rinnovabili, quantità e densità

Le energie rinnovabili sono viste come una possibile soluzione al crescente fabbisogno di energia della civiltà umana. La quantità di energia che il sole irradia ogni giorno sulla Terra è in teoria sufficiente per soddisfare i nostri attuali consumi energetici.

Tuttavia, l'energia che riceviamo in questo modo ha delle caratteristiche che non aiutano a raggiungere questo obiettivo. La scarsa concentrazione, che non è equiparabile a quella dei combustibili fossili e di conseguenza il fatto che le centrali di produzione debbano essere collocate in posizioni che abbiano sufficiente presenza di energia per metro quadro.

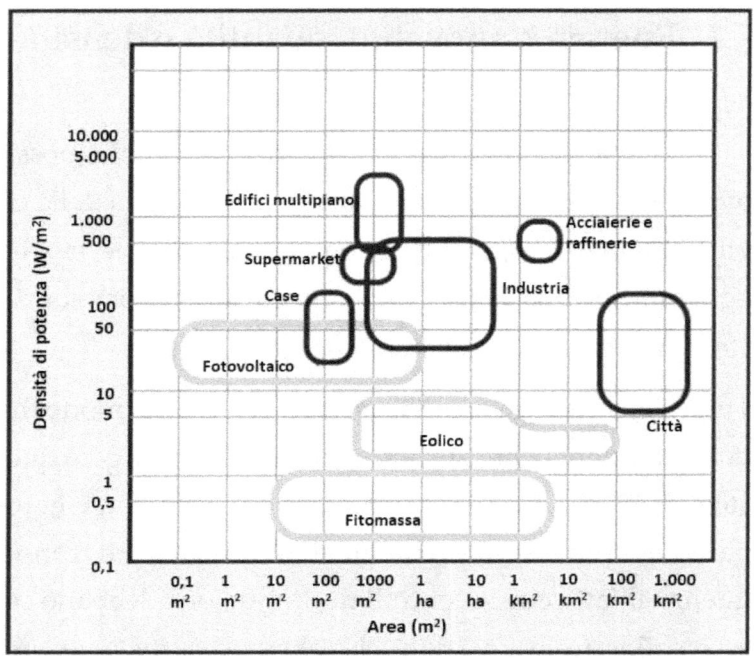

Figura 86: Corrispondenza tra densità di potenza legata al consumo energetico e la produzione di energia rinnovabile (riprodotto con il permesso di Vaclav Smil) (47)

Nella figura viene messo in risalto come spesso la produzione di energia rinnovabile (aree più chiare) non coincida con le esigenze legate a posizione ed intensità delle attività umane (aree più scure).

Nel grafico successivo si vede il flusso globale di energia rinnovabile comparato con quello generato dal consumo globale di combustibili fossili.

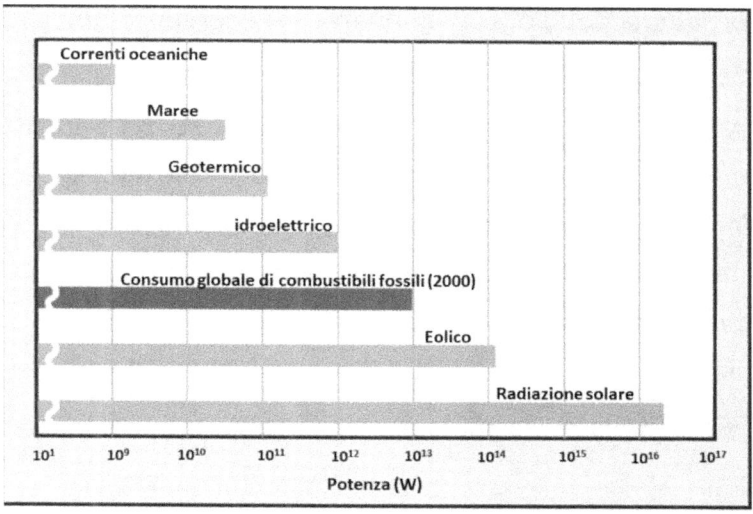

Figura 87: Flusso globale di energia rinnovabile comparato con il consumo di fonti fossili (più scure) (riprodotto con il permesso di Vaclav Smil) (47)

L'unica fonte rinnovabile che fornisce più dei consumi attuali della nostra civiltà è l'energia irradiata direttamente dal sole (e secondo stime ottimistiche l'energia dal vento). Essa riesce a fornire energia per quasi quattro ordini di grandezza in più dei 10 TW di energia forniti dalle fonti fossili.

Questi numeri portano a considerare il fatto che anche con eventuali miglioramenti tecnologici e di efficienza il problema dell'approvvigionamento energetico non sarà di facile soluzione.

A meno di non riuscire a trovare il modo di rendere altamente efficiente lo sfruttamento della irradiazione solare diretta, la somma dei flussi energetici di tutte le fonti di energia rinnovabile potrebbe non essere sufficiente sia come quantità che come densità per soddisfare l'attuale e soprattutto il futuro fabbisogno energetico mondiale.

8   Conclusioni: quale futuro?

"Ci fu un tempo in cui esistevano gli dei, ma non le stirpi mortali. Quando giunse anche per queste il momento fatale della nascita, gli dei le plasmarono nel cuore della terra, mescolando terra, fuoco e tutto ciò che si amalgama con terra e fuoco. Quando le stirpi mortali stavano per venire alla luce, gli dei ordinarono a Prometeo e a Epimeteo di dare con misura e distribuire in modo opportuno a ciascuno le facoltà naturali. Epimeteo chiese a Prometeo di poter fare da solo la distribuzione: "Dopo che avrò distribuito - disse - tu controllerai". Così, persuaso Prometeo, iniziò a distribuire. Nella distribuzione, ad alcuni dava forza senza velocità, mentre donava velocità ai più deboli; alcuni forniva di armi, mentre per altri, privi di difese naturali, escogitava diversi espedienti per la sopravvivenza. Ad esempio, agli esseri di piccole dimensioni forniva una possibilità di fuga attraverso il volo o una dimora sotterranea; a quelli di grandi dimensioni, invece, assegnava proprio la grandezza come mezzo di salvezza. Secondo questo stesso criterio distribuiva tutto il resto, con equilibrio. Escogitava mezzi di salvezza in modo tale che nessuna specie

potesse estinguersi. Procurò agli esseri viventi possibilità di fuga dalle reciproche minacce e poi escogitò per loro facili espedienti contro le intemperie stagionali che provengono da Zeus. Li avvolse, infatti, di folti peli e di dure pelli, per difenderli dal freddo e dal caldo eccessivo. Peli e pelli costituivano inoltre una naturale coperta per ciascuno, al momento di andare a dormire. Sotto i piedi di alcuni mise poi zoccoli, sotto altri unghie e pelli dure e prive di sangue. In seguito procurò agli animali vari tipi di nutrimento, per alcuni erba, per altri frutti degli alberi, per altri radici. Alcuni fece in modo che si nutrissero di altri animali: concesse loro, però, scarsa prolificità, che diede invece in abbondanza alle loro prede, offrendo così un mezzo di sopravvivenza alla specie. Ma Epimeteo non si rivelò bravo fino in fondo: senza accorgersene aveva consumato tutte le facoltà per gli esseri privi di ragione. Il genere umano era rimasto dunque senza mezzi, e lui non sapeva cosa fare. In quel momento giunse Prometeo per controllare la distribuzione, e vide gli altri esseri viventi forniti di tutto il necessario, mentre l'uomo era nudo, scalzo, privo di giaciglio e di armi. Intanto era giunto il giorno fatale, in cui anche l'uomo doveva venire alla luce. Allora Prometeo, non sapendo quale mezzo di salvezza procurare all'uomo, rubò a Efesto e ad Atena la perizia tecnica, insieme al fuoco - infatti era impossibile per chiunque ottenerla o usarla senza fuoco - e li donò all'uomo. All'uomo fu concessa in tal modo la perizia tecnica necessaria per la vita, ma non la virtù politica. Questa si trovava presso Zeus, e a Prometeo non era più possibile accedere all'Acropoli, la dimora di Zeus, protetta da temibili guardie. Entrò allora di nascosto nella casa comune di Atena ed Efesto, dove i due lavoravano insieme. Rubò quindi la scienza del fuoco di Efesto e la perizia tecnica di Atena e le donò all'uomo. Da questo dono derivò all'uomo abbondanza di risorse per la vita, ma, come si narra, in seguito la pena del furto colpì Prometeo, per colpa di Epimeteo."[6]

In questo brano, Platone parla del mito di Prometeo, che ruba il fuoco agli dei e lo dona agli uomini. Zeus, geloso e restio a mettere in comune con gli uomini questa conoscenza, condanna e punisce Prometeo. Questo mito richiama un elemento presente e fondante della cultura dell'antica Grecia: il concetto di Hỳbris.

L'Hỳbris è la propensione degli uomini a lasciarsi trasportare dalla propria ambizione e presunzione. L'uomo

---

[6] Platone, *Protagora*, 320 C - 324 A

che non riconosce i propri limiti, sopraffatto dall'orgoglio e dalla sopravvalutazione delle proprie forze cerca di oltrepassare i confini posti dagli dei e viene da essi punito per la sua arroganza. Il concetto di limite che l'uomo si doveva imporre di fronte alla natura e agli dei era presente nella Grecia antica ed è un elemento che non fa più parte della nostra cultura.

Per poter garantire adeguata energia a tutti e un relativo benessere, occorre aumentare l'efficienza nell'utilizzo dell'energia che abbiamo disponibile.

Essa deve essere utilizzata in modo da evitare di cadere nel meccanismo del paradosso di Jevons e di conseguenza ponendo dei limiti ragionevoli alla nostra volontà di consumare.

Il surplus di energie fossili che ha consentito la nostra civilizzazione è ancora supportato da una elevata quantità di tali risorse. Tuttavia il consumo di queste fonti è continuo ed in aumento nel tempo. La ricerca di nuove tecnologie più efficienti e nuove risorse di energia pulita riuscirà a vincere la corsa contro il tempo per evitare l'esaurimento delle risorse, le problematiche ambientali e i cambiamenti climatici?

Per raggiungere questo obiettivo, si dovrà probabilmente accettare che una crescita illimitata di produzione

di materiali e di consumi energetici non è una via per-
corribile in un pianeta che ha una capacità naturale limi-
tata di soddisfare, assorbire e contenere le conseguenze
di un processo di crescita continua.

La risposta dell'uomo alle sfide future potrebbe essere
quella di sviluppare una organizzazione sociale che cer-
chi di aumentare l'efficienza dei nostri sistemi di produzione, stabilizzare la crescita della nostra civiltà, stabilizzare i consumi e lasciare un residuo libero di materia ed
energia che consenta alla biosfera di sopravvivere. Sulla
reale capacità e possibilità di percorrere questa strada da
parte della specie umana si apre un percorso incognito
nel nostro futuro.

9 Bibliografia

1. **Enea.** Glossario sito web ENEA. *http://www.enea.it.* [Online] 2017.

2. **Bechmann, Roland.** Le radici delle cattedrali. *Le radici delle cattedrali.* s.l. : Arkeios, 1981.

3. **Nicholson, M.A.** The enviromental revolution. Londra : Hodder and Stoughton, 1970.

4. **UK Government - Department for Business, Energy & Industrial Strategy.** Historical Coal Data: Coal Production, 1853 to 2015.

5. **Paul Freund, Stefan Bachu, Dale Simbeck, Kelly (Kailai) Thambimuthu, Murlidhar Gupta.** *IPCC Special Report on Carbon dioxide Capture and Storage - Properties of CO2 and carbon-based fuels.*

6. **Cameron, D.H.** *Evaluation of Retrofit Emission Control* . s.l. : Options: Final Report. A report prepared by Neill and Gunter Limited, ADA Environmental Solutions, LLC, for Canadian Clean Coal Power Coalition (CCPC), Project No. 40727, Canada, 2002.

7. **NASA.** www.nasa.gov. [Online]

8. **Roser, Hannah Ritchie and Max.** "Energy Production & Changing Energy Sources". *Published online at OurWorldInData.org.* [Online] https://ourworldindata.org/energy-production-and-changing-energy-sources.

9. **R.E.H. Sims, R.N. Schock, A. Adegbululgbe, J. Fenhann, I. Konstantinaviciute, W. Moomaw, H.B. Nimir, B. Schlamadinger, B. Metz, O.R. Davidson, P.R. Bosch, R. Dave, L.A. Meyer (eds).** *Contribution of Working Group III to the Fourth Assessment Report of the Intergovernmental Panel on Climate Change, 2007.* Cambridge, United Kingdom and New York, NY, USA. : Cambridge University Press, 2007.

10. *World History and Energy.* **Smil, Vaclav.** http://www.vaclavsmil.com.

11. *IPCC, 2014: Climate Change 2014: Synthesis Report. Contribution of Working Groups I, II and III to the Fifth Assessment Report of the Intergovernmental Panel on Climate Change.* **Core Writing Team, R.K. Pachauri and L.A. Meyer (eds.)].** **IPCC, Geneva, Switzerland,.** 2014, p. 151.

12. **Solomon, S., D. Qin, M. Manning, Z. Chen, M. Marquis, K.B. Averyt, M. Tignor and H.L. Miller (eds.).** *Contribution of Working Group I to the Fourth Assessment Report of the Intergovernmental Panel on Climate Change.* Cambridge : Cambridge University Press, 2007.

13. **Agency, IEA - International Energy.** *Key World Energy Statistics.* 2017.

14. **Terna.** *Dati storici.* Roma : s.n., 2017.

15. **Agency, IRENA - International Renewable Energy.** http://resourceirena.irena.org. [Online] 2017.

16. **S.Portland [Public domain], from Wikimedia Commons.** https://commons.wikimedia.org/wiki/File:Pelamis_machine_installed_at_the_Agucadoura_Wave_Park.JPG. *Wikipedia.* [Online] Luglio 2008. https://upload.wikimedia.org/wikipedia/commons/6/6c/Pelamis_machine_installed_at_the_Agucadoura_Wave_Park.JPG.

17. **Laboratory, National Renewable Energy.** https://openei.org/wiki/Wave_Energy. *https://openei.org.* [Online]

18. **Wikipedia.** [Online]

19. **Steinrueck, Golden.** Wind turbine. Vogelsberg, Hesse, Germany : s.n., June 2012.

20. **Services, Florida Department of Agriculture and Consumer.** [Online]

21. **Energy, Office of Energy Efficiency and Renewable Energy - United States Department of.** [Online] 30 novembre 2006. http://www1.eere.energy.gov/windandhydro/wind_how.html.

22. **G.Ruffo.** *Fisica: lezioni e problemi.* s.l. : Zanichelli, 2010.

23. **https://www.researchgate.net/publication/.** *Review of maximum power point tracking algorithms for wind energy systems.* [Online] Giugno 2012.

24. [Online] Map obtained from the "Global Wind Atlas 2.0, a free, web-based application developed, owned and operated by the Technical University of Denmark (DTU) in partnership with the World Bank Group, utilizing data provided by Vortex, with fund. https://globalwindatlas.info/.

25. ABB. *Quaderni di applicazione tecnica N.13 - Eolico.*

26. The impact of wind uncertainty on the strategic valuation of distributed electricity storage. [Online] june 2017.

27. GSE. *Rapporto statistico - Energia da fonti rinnovabili in Italia.* 2015.

28. Mario Moreno, Roberto Ambrosio, Arturo Torres, Alfonso Torres, Pedro Rosales, Adrián Itzmoyotl and Miguel Domínguez. Amorphous, Polymorphous, and Microcrystalline Silicon Thin Films Deposited by Plasma at Low Temperatures. *www.intechopen.com.* [Online] 2016.

29. Dio, Simona di. http://www.ing.unitn.it. [Online] 2007.

30. Unep, Tunza-. *tunza.eco-generation.org.* [Online]

31. David Feldman, Galen Barbose, Robert Margolis, Ted James, Samantha Weaver, Naïm Darghouth, Ran Fu, Carolyn Davidson, Sam Booth, and Ryan Wiser. *Photovoltaic System Pricing Trends - Historical, Recent, and Near-Term Projections.* s.l. : U.S. Department of Energy, 2014.

32. Agency, IRENA - International Renewable Energy. *http://resourceirena.irena.org.* [Online] 2017.

33. Energy, Fraunhofer Institute for Solar. *PHOTOVOLTAICS REPORT.* Friburgo : s.n., 2016.

34. O. Schmidt, A. Hawkes, A. Gambhir and I. Staffell. The future cost of electrical energy storage based on experience rates. *Nature Energy.* 2017.

35. Eckhouse, Joe Ryan and Brian. The Age of the Giant Battery Is Almost Upon Us. *www.bloomberg.com.* [Online] 2017.

36. *EROI of different fuels and the implications for society.* Charles A.S.Hall, Jessica G.Lambert, Stephen B.Balogh. 2013, Elsever - Energy Policy.

37. Cleveland, Cutler and Ida Kubiszewski. http://www.theoildrum.com. *The Oil Drum.* [Online] 2006. http://www.theoildrum.com/node/1863.

38. *The Energy Return on Energy Investment (EROI) of Photovoltaics: Methodology and Comparisons with Fossil Fuel Life Cycles.* Marco Raugei, Pere Fullana-i-Palmer and Vasilis Fthenakis.

39. *A preliminary investigation of the energy return on energy investment for global oil and gas production.* Gagnon, N.,Hall,C.,Brinker,L. 2009.

40. *Energy,EROI and quality of life.* Jessica G.Lambert, Charles A.S.Hall, Stephen Balogh, Ajay Gupta, Michelle Arnold. 2013.

41. *What is the Minimum EROI that a Sustainable Society Must Have?* Charles A. S. Hall, Stephen Balogh and David J. R. Murphy. 2009.

42. Energy, US Department of Energy - Office of Indian. Levelized Cost of Energy. [Online]

43. Agency, International Energy. *Executive Summary - Projected costs of generating electricity - 2015 Edition.* 2015.

44. Agency, IRENA - International Renewable Energy. *resource.irena.org.* [Online] 2017. http://resourceirena.irena.org/gateway/dashboard/?topic=3&subTopic=1057.

45. Jevons, William Stanley. *The Coal Question.* London : Macmillan and Co.,, 1865.

46. Lotka, A. *Contribution to the energetics of evolution.* s.l. : Proc. Natl Acad. Sci. USA, 1922.

47. *Science, energy, ethics, and civilization.* Smil, Vaclav. 2007.

48. Data, Our World in. energy production and changing energy sources energy intensity of economies. *ourworldindata.org.* [Online] 2019. https://ourworldindata.org/energy-production-and-changing-energy-sources#energy-intensity-of-economies.

49. *Energy Return on Energy Invested (ERoEI) for photovoltaic solar systems in regions of moderate*

insolation: A comprehensive response. al., M. Raugei et. 2016.

50. Melville, Herman. *Moby Dick.* 1851.

10 Indice Analitico